KB241805

아이는 키 쑥쑥 엄마는 S라인 만드는

하루 10분
홈 피트니스

아이는 키 쑥쑥 엄마는 S라인 만드는

하루 10분
홈 피트니스

1판 1쇄 인쇄 2014년 9월 23일
1판 1쇄 발행 2014년 9월 30일

지은이 구자곤
발행인 김재호 | **출판편집인 · 출판국장** 박태서 | **출판팀장** 이기숙
기획 · 편집 정세영 | **디자인** 올 디자인 | **사진** 지호영 | **교정** 조창원
마케팅 이정훈 · 정택구 · 박수진
펴낸곳 동아일보사 | **등록** 1968.11.9(1−75) | **주소** 서울시 서대문구 충정로 29(120−715)
마케팅 02−361−1030~3 | **팩스** 02−361−1041 | **편집** 02−361−0936
홈페이지 http://books.donga.com | **인쇄** 중앙문화인쇄

ISBN 979−11−85711−29−4 13590
값 12,000원

아이는 키 쑥쑥 엄마는 S라인 만드는

하루 10분
홈 피트니스

구자곤 지음

동아일보사

아이와 엄마가 함께 운동하면
효과도 두 배, 즐거움도 두 배입니다

요즘 가장 잘나가는 연예인들의 공통점은 소위 '훈훈한 키'가 아닐까 싶습니다. 큰 키에 9등신을 가뿐히 넘는 탁월한 신체 비율은 누구나 꿈꾸는 미의 조건이 돼버렸습니다. '키'에 대한 열망이 나날이 뜨거워지고 있는 것이지요. 그래서인지 상담을 하러 온 엄마들이 가장 많이 질문하는 것 중 하나가 '어떻게 하면 아이의 키가 많이 자랄 수 있을까'입니다. 부모가 키가 작아 아이도 키가 크지 않을까봐 걱정이라는 엄마부터 키 때문에 아이가 학교에서 왕따를 당한다는 엄마까지, 아이의 작은 키 때문에 고민인 부모님이 생각보다 많더군요. 그런 부모들에게 저는 한치의 망설임 없이 단호하게 말합니다.

"아이가 키도 크고 건강하게 자라길 바란다면 지금 당장 함께 운동하세요!"

아이 혼자 하는 운동은 절대 즐겁지 않습니다

운동이 아이의 키 성장에 중요하다는 것은 누구나 잘 알고 있습니다. 하지만 어떤 방법으로 어떻게 운동을 시켜야 하는지에 대해서는 정확히 알지 못하지요. 저 역시 처음에는 키 성장을 위한 운동으로 스트레칭이나 줄넘기, 농구 정도만 추천해드렸습니다. 하지만 이런 운동을 시킨 엄마들은 하나같이 다시 찾아와 하소연을 하더군요. "아이가 3일 정도는 열심히 하더니 혼자서 하는 건 재미가 없다고 하지 않으려고 해요." 저는 그 순간 '아차' 싶었습니다. '무작정 운동을 시킨다고 되는 게 아니구나, 아이들이 운동을 꾸준히 할 수 있는 시간과 환경을 만들어주는 게 가장 중요하구나.'

그 후 운동이 필요한 여러 아이들을 만나 "어떻게 운동하는 게 가장 재미있을까?"라는 질문을 해봤습니다. 하나같이 돌아오는 대답은 "엄마나 친구랑 함께하는 거요!"였습니다. 운동 자체를 싫어하는 아이는 거의 없었습니다. 단지 혼자서 하는 운동을 싫어할 따름이었습니다.

저는 그날 이후 '환경에 구애받지 않고 누군가와 함께 꾸준히 할 수 있는 운동은 없을까'라는 고민에 빠졌습니다. 일단 날씨에 큰 영향을 받지 않으려면 집에서 할 수 있는 운동이 좋을 것 같았고, 집에서 누군가와 함께 해야 한다면 일순위는 당연히 '엄마'였지요. 이왕 함께하는 거 아이와 엄마 모두에게 유익한 운동이 좋겠다는 결론을 내리고 연구를 거듭한 끝에 '하루 10분 홈 피트니스'라는 운동을 개발하게 됐습니다.

**아이는 키짱!
엄마는 몸짱!
만드는
하루 10분
홈 피트니스**

하루 10분 홈 피트니스는 아이의 성장점을 자극하는 운동법과 엄마의 군살 제거에 효과적인 운동법을 절충시켜, 아이와 엄마를 동시에 만족시켜주는 운동입니다. 많은 종류의 운동법을 설명하거나 어렵고 신기한 동작들로 채우기보다는 누구나 한번 보면 쉽게 따라 할 수 있는 즐겁고 쉬운 동작들로 구성했습니다. 그래서 누구나 효과를 볼 수 있게 하는 것입니다. 쉬운 것이어야 매일 할 수 있고, 매일 하다 보면 습관이 되니까요. 함께 움직이고, 소통하고, 교감하는 시간을 만들어주는 하루 10분 홈 피트니스. 아이는 '키짱!' 엄마는 '몸짱!'이 되는 것은 물론 가족 간의 사랑도 퐁퐁 샘솟을 것입니다.

구자곤

CONTENTS

PART1 EXERCISE STORY

함께 운동하기가
꼭 필요한 이유

200% 효과보는 책 활용법

01

운동을 시작하기 전에 알아두면 효과가 두 배!

본격적인 운동에 앞서 〈EXERCISE STORY〉를 통해 운동의 필요성과 하루 10분 홈 피트니스가 무엇인지, 주의점은 무엇인지에 대해 알아두세요. 이론적인 내용을 짚고 가면 보다 정확하고 효과적으로 운동할 수 있어요.

02

운동 동작을 순서대로 따라합니다

운동 동작 사진을 꼼꼼히 보며 손과 발의 방향과 위치, 순서, 호흡법 등을 정확히 파악한 후 따라합니다. 각 동작의 주의점을 담은 PLUS TIP도 놓치지 마세요.

〈한눈에 보기〉 페이지를 활용하세요

페이지를 넘겨가며 따라 하다보면 동작의 연결이
끊어질 수 있어요. 처음에는 각 동작을 자세히 설명
한 페이지들을 넘겨가며 따라 하다, 익숙해지면 포
인트 동작을 모아놓은 〈한눈에 보기〉 페이지만 펼
쳐놓고 운동하세요. 이 페이지만 따로 오려 코팅한
후 벽에 붙여놓거나, 여행을 갈 때 간편하게 띄어
가도 참 좋아요.

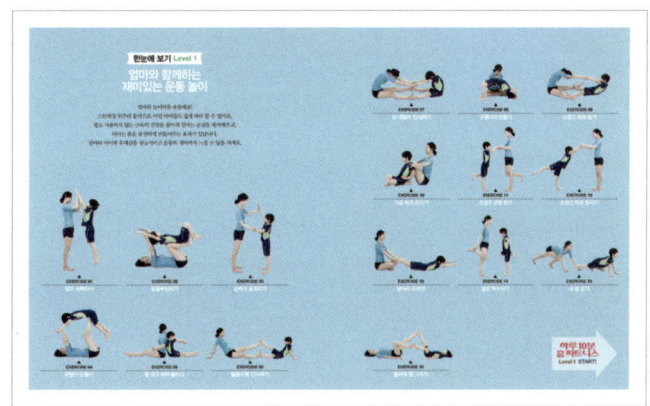

횟수나 시간이 언급되지 않은 동작은
무조건 10회! 실시하세요

각 동작을 취해야 할 횟수나 시간이 따로 나와 있지 않은 동작들은 무조건 10회를
기준으로 합니다. 10분 동안 최대한의 효과를 낼 수 있는 운동이므로 횟수에 신경
쓰며 실시해야 합니다. 아이가 잘 따라오지 못해 시간이 오래 걸렸다거나, 너무 빠
른 속도로 운동을 해서 10분을 채우지 못했더라도 당황할 필요는 없습니다. 익숙
해지려면 시간이 필요하니까요. 약 한 달간은 아이의 속도에 맞춰 운동을 하세요.
익숙해지면 10분이 자연스럽게 유지될 거예요.

PART

1

함께 운동하기가
꼭 필요한 이유

운동을 본격적으로 시작하기 전, 운동 효과를 높이기 위해
짚고 넘어가야 할 기본 내용들을 담았어요.
엄마가 먼저 공부한 후 아이에게 왜 운동을 해야 하는지,
어떤 효과가 있는지 등에 대해 이야기하는 시간을 가져보세요.

아이에게 운동이
왜 필요하죠?

많은 사람들이 아이의 키는 부모에게서 물려받은 유전자에 의해 정해진다고 생각한다. 하지만 같은 부모에게서 태어난 형제자매라도 한 아이가 다른 아이보다 훨씬 크거나, 심지어 아빠보다 아이의 키가 더 큰 경우를 볼 수 있다. 이는 아이의 키 성장에 유전적인 요인보다 후천적, 환경적 요인이 더 중요할 수 있다는 사실을 보여준다. 실제로 잘 먹고 열심히 운동하며 자라난 아이들은 유전적 요소보다 최대 7cm는 더 자랄 수 있다는 연구 결과도 있다. 아이의 성장에 도움이 되는 정확한 요소와 방법을 제대로 안다면 유전과 상관없이 키가 크고 체력도 좋은 아이로 성장시킬 수 있다는 것이다. 그렇다면 아이의 키 성장을 돕는 가장 중요한 요소는 무엇일까? 운동을 첫 번째 요소로 꼽을 수 있다. 유전적으로 키가 큰 아이들을 제외하고 각 나이대의 평균 키를 웃도는 아이들의 공통점을 조사해보니 대부분 운동을 좋아했다. 따로 운동을 배우기보다 친구들과 함께 뛰놀거나 자주 움직이며 자연스럽게 운동을 생활화하고 있었다.

대부분의 운동은 팔다리의 뼈와 성장판을 자극하는 동작들로 이루어져 있다. 때문에 뼛속의 칼슘 침착을 돕고 골밀도를 증가시켜 자연스럽게 키 성장까지 유도한다. 또 운동으로 인한 열량 소모로 무엇이든 잘 먹게 돼 다양한 영양소를 풍부하게 섭취할 확률이 높아진다.

운동은 키 성장이라는 외적인 성장뿐 아니라 정서적 안정과 자신감이라는 내적 성장도 가져다준다. 아이의 몸과 마음을 키워주는 운동. 지금부터 그 놀라운 힘을 자세히 소개한다.

잘 먹으면 무조건 잘 큰다?

많은 엄마들은 아이의 성장에 좋다고 알려진 것들을 죄다 사다 먹이며 '잘 먹으면 무조건 잘 큰다'고 믿는다. 물론 풍부한 영양 섭취가 아이의 성장에 필수 요소인 것은 사실이다. 하지만 요즘처럼 야외 활동을 거의 하지 않고 앉거나 누워서 생활하는 데 익숙한 아이들에게 과연 최선의 방법일까? 만약 아이가 별다른 움직임 없이 계속 영양소만 흡수한다면 날씬한 몸매보다는 '비만'에 가까워질 것이다. 소아비만, 성장기 비만은 키 성장의 큰 걸림돌 중 하나다. 내 아이가 적정 체중을 과하게 넘어서고 복부가 심하게 나오기 시작했다면 잘 먹어서 좋다고 칭찬만 해서는 안 될 일이다. 성장기 비만은 성호르몬의 분비를 촉진시키는데, 이 성호르몬이 성장호르몬의 분비를 저하시킨다. 꾸준히 성장해야 할 나이에 성장을 저해하는 것이다. 뿐만 아니라, 소아비만의 경우 정상체중에 비해 성장호르몬의 분비량이 25% 정도 감소되고 성장호르몬의 분비 횟수 또한 1/3로 감소된다. 실질적으로 정상체중의 아이들보다 성장호르몬의 분비량이 1/4정도로 감소하는 것이다. 저체중 또한 영양 밸런스가 좋지 않아서 성장을 저해할 수 있지만 과도한 영양으로 인한 성장기 비만은 아이의 건강과 더불어 키 성장에 적신호를 줄 수 있음을 명심하자.

근력을 키워줘요

한 조사에서 요즘 유치원생들이 12년 전 유치원생들보다 더 자주 넘어진 다는 결과가 나왔다. 근본적인 원인은 요즘 아이들의 근력이 12년 전 아이들의 근력보다 약해졌기 때문이다.

아이가 운동을 하지 않으면 자연스럽게 근력이 약해져 자주 넘어지고, 사소한 신체 활동에도 쉽게 큰 부상을 입게 된다. 어릴 때부터 운동으로 근력이 잘 단련된 아이는 뼈가 크게 자랄 뿐 아니라 어른이 되었을 때 당뇨병과 심장병, 뇌졸중의 위험도 현저히 줄어들어 보다 건강한 삶을 살 확률이 높아진다.

자신감과 자존감을 키워줘요

운동을 하며 건강해진 신체는 올바른 정신 건강을 형성하는데 큰 역할을 한다. 꾸준한 운동으로 체력이 붙고 외형적으로도 보기 좋게 변한 자신의 모습을 보면 몸에 대한 자신감이 생긴다. 반대로 거울에 비친 자신의 모습이 너무 키가 작다든지, 뚱뚱하다든지 해서 마음에 들지 않으면 자기도 모르는 사이에 열등감에 휩싸이게 돼 자존감 형성에 악영향을 줄 수 있다.

키 성장과 외모의 발달만을 위해 운동을 해서는 안 된다. 아이가 정신적으로 건강한 삶을 살아가는 데 꼭 필요한 자존감 형성을 위해서도 운동을 해야 한다.

집중력을 향상시켜요

운동은 근육을 활성화시키고 뼈를 자극해 몸의 신체 구조를 보다 튼튼하게 만들어주는 일차적인 효과도 있지만 움직임을 관장하는 가장 중요한 신체 기구인 '뇌'를 활성화시킨다는 것에 더 큰 의미가 있다.

운동을 시작하면 뇌는 평소보다 2배 이상의 혈류를 증진시킨다. 이 과정에서 뇌의 활동이 활발해지며 자연스럽게 집중력 향상을 유도한다. 단, 심신을 지치게 만드는 무리한 운동량은 피로와 스트레스를 일으켜 집중력을 떨어뜨리니, 아이가 할 수 있는 최대 운동량의 50~70% 정도를 유지할 수 있도록 도와주자.

 집중력 향상을 위해 지켜야 할 3가지 운동 약속

1 1회에 10분씩 하루 3회를 넘기지 않는다
2 짬나는 시간을 활용해 조금씩이라도 몸을 움직인다
3 기상 후, 취침 전에 10분씩 가벼운 스트레칭을 한다

학습 능력이 올라가요

스페인 마드리드 대학 연구팀은 6~18세 어린이와 청소년 2,000명을 대상으로 운동 능력과 학습 성과의 연관성을 찾기 위한 연구를 했다. 그 결과 최대 유산소 운동 능력과 운동 능력 수치가 학습 성과에 긍정적인 영향을 미치는 것으로 나타났다. 운동 능력 수치가 높은 학생들은 학습 성과가 좋았지만 수치가 낮은 학생은 학습 성과도 낮았다. 이 연구를 주최한 에스테반 코르네호 박사는 "체력이 좋은 아이가 그렇지 않은 아이보다 집중력과 지구력이 좋았다. 집중력과 지구력은 학습 성과를 내는 중요한 요인이다."

라고 말했다.

집중력이 향상되면 학습 능력 증대도 기대해볼 수 있다. 따라서 아이가 공부를 잘하길 바란다면 반드시 운동과 공부를 적절하게 병행해야 한다. 책상에만 앉아 있게 하는 것보다 훨씬 좋은 효과를 거둘 수 있을 것이다.

성취감을 맛볼 수 있어요

운동은 성취감을 맛볼 수 있는 좋은 기회가 된다. 타인의 도움 없이 스스로 움직이면서 포기하고 싶은 순간을 이겨내는 과정들을 온전히 자신의 몸으로 경험하기 때문이다. 따라서 운동을 할 때 목표를 정하고 그것을 달성하도록 하면 아이에게 성취감과 자신감을 키워줄 수 있다. 그런데 처음부터 아이의 수준에 맞지 않는 운동 목표를 정하게 되면 빨리 지치고 흥미를 잃게 된다. 아이가 할 수 있는 운동의 범위를 기준으로 운동 목표를 정하자. 그리고 목표를 향해 매일 조금씩 운동량을 늘려가며 스스로 해냈다는 성취감과 할 수 있다는 자신감까지 심어주자. 더불어 운동은 힘든 게 아닌 즐겁고 재미있는 놀이라는 것도 일깨워주자.

아이가 운동에 흥미가 없어요

아이가 운동에 흥미를 느끼게 하는 가장 좋은 방법은 초등학교 입학 전부터 다양한 운동을 접하게 하면서 즐거움을 느끼게 하는 것이다. 특별한 날 운동 관련 용품을 선물한다거나 다양한 스포츠를 경험하게 하며 운동에 대한 거부감을 조금씩 줄여주자. 또한 아이가 운동을 할 준비가 되어 있는지 미리 파악하는 것이 중요하다. 운동을 시작하기 전에 운동에 대해 어떻게 생각하고 있는지, 어떤 운동을 하고 싶어 하는지 충분히 대화한 뒤에 운동 종목을 함께 정하는 것이 좋다. 아이가 처음부터 고강도의 운동을 원하더라도 가벼운 운동으로 시작해 조금씩 난이도를 높여가야 지속적으로 할 수 있다는 점도 잊지 말자. 경쟁적인 운동보다는 걷기, 자전거 타기 등 경쟁이 덜한 종목을 택해 운동의 재미를 느끼게 하는 것도 좋은 방법이다.

아이 혼자서 운동하면
100% 효과를 볼 수 없어요

아이가 운동을 통해 앞서 언급한 효과들을 얻기 바란다면 부모의 솔선수
범이 필요하다. 무조건 "운동해라."라고 강요할 것이 아니라 "함께 운동하
고 땀 흘리자!"라고 말하는 것이 아이도 부모도 즐거운 마음으로 운동을
할 수 있는 방법이다. 즉, 부모의 지시나 강요가 아니라 함께하는 즐거움을
느낄 수 있도록 '가정의 운동 생활화'를 해야 한다. 다시 말해 가족의 공동
취미 활동으로 삼는 것이다.

만약 아이는 열심히 운동을 하고 있는데 엄마는 가만히 앉아서 지켜보고
만 있다면 아이는 엄마에게 감시를 당한다고 느낄 수 있다. 엄마가 오늘은
어제보다 얼마나 잘하는지 혹은 다른 아이들보다 더 잘하는지 비교하고
판단하기 위해 자신을 지켜보고 있다고 생각하는 것이다. 이런 상황에서
는 자신을 위해서가 아니라 부모에게 보여주기 위해 운동을 한다고 인식
하게 된다. 또 운동 자체를 부담으로 받아들이고 더 잘해야 한다는 압박감
에 시달리기도 한다. 만약 잘 못하기라도 하면 부모는 부모대로, 아이는 아

17

이대로 실망해 결국 모두 스트레스만 받게 되는 악순환이 반복된다. 결국 아이들은 금방 싫증을 내며 운동 자체에 흥미를 잃게 될 것이다.

아이들은 어른에 비해 의지가 약하고 인내심이 부족하기 때문에 운동을 이끌어줄 파트너가 필요하다. 그렇다면 아이의 최고의 운동 파트너는 누구일까? 바로 자신의 마음을 잘 알아주고 편하게 소통할 수 있는 '엄마'다. 아이에게 때로는 경쟁자가 되고, 칭찬과 응원을 해주는 역할도 하면서 신뢰와 친밀감을 키워보자. 아이의 운동 능력도 엄마의 건강도 좋아질 것이다.

 PLUS TIP   **아이와 함께 운동할 때 꼭 지켜야 할 약속**

부모는 아이에게 잘할 수 있을 거라는 격려를 보내며 자신감을 부여해야 한다. 그리고 스스로 도전할 수 있는 기회도 지속적으로 만들어주자. 더불어 부모도 즐거운 마음으로 운동에 임하고 있다는 것을 보여주는 것이 좋다. 아이만을 위한 운동을 하게 되면 엄마는 단지 아이를 위한 시간이라는 생각이 들어 금방 소홀해지기 쉽다. 그러니 이왕에 함께하는 시간이라면 아이와 엄마 모두에게 유익한 운동을 선택하자.

아이와 엄마 모두에게
유익한 운동은?

운동을 아무리 많이 해도 살이 빠지지 않거나 원하는 몸매가 되지 않는다고 하소연하는 사람들이 있다. '아무리 운동을 해도 변화가 없으니 나하고 운동하고는 맞지 않는다'고 판단하고 금세 포기하려고 한다. 그러나 운동이 맞지 않는 사람은 없다. 다만 운동을 제대로 이해하지 못하고 나에게 필요한 운동을 찾지 못한 것뿐이다.

엄마들은 운동을 통해 주로 살을 빼거나 요즘 흔히 말하는 S라인을 만들고 싶을 것이다. 이러한 목적을 위한 운동의 핵심은 바로 골반과 견갑골(어깨 부위에 있는 큰 뼈)의 관리다. 골반과 견갑골을 자주 움직여 활성화시켜주고 유연하게 만들어 잘 순환할 수 있게 도와주는 것이다. 그런데 이 핵심 원리는 아이의 키 성장을 위한 운동과도 정확히 일치한다. 성장운동과 아름다운 몸매를 만드는 운동은 모두 골반과 견갑골을 자주 움직여 순환을 잘 시켜주는 것에 집중하고 있다. 아이와 엄마 모두에게 유익한 운동은 이런 핵심 요소가 가미된 운동법인 것이다.

지금부터 소개할 '하루 10분 홈 피트니스'는 이런 핵심요소를 반영한 아이는 키가 크고 엄마는 날씬한 몸매를 만드는 운동이다. 특별한 운동 기구를 필요로 하지 않고, 장소에 구애도 받지 않으며, 언제든지 할 수 있다는 것도 커다란 장점이다.

아이는 성장점을 자극하고 집중력 있게 운동하는 것을 원칙으로 하고, 엄마는 골반과 견갑골을 중심으로 몸의 움직임을 느끼는 것을 기본으로 하자. 각각의 동작을 꾸준히 하면 아이와 엄마 모두 균형 잡힌 몸매를 얻을 뿐 아니라 운동의 즐거움도 느끼게 될 것이다.

우리 아이 올바른 뼈 성장을 위한 습관

아이의 뼈가 올바르고 꾸준하게 성장하려면 몸이 칼슘을 흡수하고 뼈가 튼튼해지도록 만들어주는 것이 중요하다. 사람의 신체는 근육을 사용하지 않고 뼈를 자극하지 않으면 굳이 뼈를 단단하고 밀도 있게 유지할 필요성을 느끼지 못한다. 이런 상황이 지속되면 성인은 골다공증에 걸리고, 성장기 아이들은 성장저하가 오게 된다. 따라서 아이에게 칼슘이 첨가된 음식을 먹이자. 또 자주 움직일 수 있는 환경을 만들어주고 이를 습관화시켜야 한다.

하루 10분
홈 피트니스란?

인간의 신체는 0세부터 1세까지 정말 빠르게 성장한다. 1년간 약 20cm 이상 성장하기도 하는 이 시기를 '1차 급성장기'라고 한다. 그 후 아이는 연간 4~8cm 정도 꾸준히 자라는데, 이때 아이의 성장에 있어 가장 중요한 것이 바로 '키가 성장하는 습관을 가지고 있느냐'이다. 꾸준한 운동, 제대로 된 영양 섭취, 그리고 규칙적인 생활습관은 키와 외모, 체력까지도 결정한다. 특히 성장기 때 운동을 습관화하면 10~13세에 찾아오는 '2차 급성장기'에 더 멋지고 튼튼한 골격, 아름다운 체형으로 성장할 수 있는 발판을 만들어 준다. 나아가 성인이 됐을 때 균형 잡힌 몸매를 만드는 데 도움을 준다.

10분이라는 시간 동안 몸의 순환을 높이는 하루 10분 홈 피트니스는 앞서 언급한 효과를 얻기 위해 만들어진 운동법이다. 신진대사와 호르몬 대사를 동시에 높여 키 성장은 물론 균형 있는 몸매 만들기를 도와주는 동작들로 이루어져 있다. 또한 스트레스나 피로감을 유발할 수 있는 고난이도 동작은 배제했다. 아이와 엄마가 즐겁게 할 수 있는 동작을 중심으로, 내 몸을 인식하고 자극해서 발전시키는 프로그램으로 구성되어 있다. 하루 딱 10분간만 호흡 조절에 유의하며 동작을 정확히 따라 하면 누구나 충분한 효과를 얻을 수 있는 것이다. 그럼 이제부터 이 운동이 어떤 도움을 주는지 구체적으로 알아보자.

PLUS TIP

아름다운 체형을 갖춘 몸이란?

우리 몸은 크게 각 부위별 비율과 신체 구성 요소의 비율로 나눌 수 있다. 우선 부위별 비율은 다리가 짧거나 길다, 어깨가 넓거나 좁다, 허리가 길거나 짧다, 굵거나 가늘다 등 부위별로 상대적인 길이나 두께의 조화를 뜻한다. 한편 신체 구성 요소의 비율은 지방과 근육, 뼈의 적절한 비율을 말한다. 상대적으로 근육이 많거나 적다, 지방이 많거나 적다, 뼈가 튼튼하거나 약하다 등을 뜻하는 것이다. 여기서 전자는 외모 부분의 균형을 말하고, 후자는 건강 요소의 균형을 말한다. 즉, 외모가 아름다워 보이는 신체 비율을 가지면서 건강한 신체를 유지하는 신체 구성 요소의 밸런스까지 갖춘 몸이 가장 아름다운 체형이라고 할 수 있다.

엄마의 평생 골칫거리! 군살을 제거해줘요

하루 10분 홈 피트니스는 관절의 움직임을 최대한 높이는 것을 원칙으로 몸을 수축, 이완시키는 트위스트와 스트레칭 동작을 가미했다. 이 동작들의 공통점은 모두 관절을 사용한다는 것이다. 또 운동을 하면서 근육과 움직임의 동선에 집중할 수 있게 해준다. 따라서 근육에 다양한 자극을 줄 뿐만 아니라 움직임이 떨어진 근육(복부, 허리, 옆구리, 팔뚝)들의 기능을 활성화시킨다. 그 결과 신진대사가 활발해지고 운동 부위를 집중 자극해 군살이 제거된다.

근육을 자극! 척추측만증이 개선되고 키가 자라요

하루 10분 홈 피트니스는 지속적으로 근육을 자극하는 동작들로 구성되어 있다. 근육을 자극한다는 것은 뼈의 성장을 돕는다는 것과 같은 의미다. 다시 말해 5~10분 동안 지속적인 강도로 근육을 자극하면 뼈 성장과 호르몬 대사가 개선되는 효과를 볼 수 있다는 뜻이다.

특히 성장호르몬은 최대 근력의 40~60% 강도로 5분 이상 지속적인 활동을 할 때 분비량이 증가한다. 성장호르몬의 분비를 촉진하면 성장대사를 보다 빠르게 순환하도록 돕기 때문에 키 성장의 효과를 얻을 수 있다. 또 척추 간 배열을 바르게 만들어주므로 성장기 척추측만증의 문제점 개선에도 상당한 효과가 있다.

하루 10분
홈 피트니스의 핵심

아이와 엄마를 동시에 만족시켜 주는 하루 10분 홈 피트니스. 짧은 시간에 최대의 효과를 내는 이 운동법의 핵심을 모두 공개한다.

틀어진 골반을 바로 잡아요

아이의 성장을 저해하고 여성이 다이어트에 실패하는 결정적인 원인은 '골반의 뒤틀림' 때문이다. 골반의 뒤틀림은 단순히 골반이 틀어지는 데서 끝나는 것이 아니라 또 다른 문제를 야기하기 때문이다. 골반이 틀어진다는 것은 한쪽 골반이 올라간다는 의미인데, 그러면 골반과 연결된 척추에 부담이 가서 척추가 휘게 된다. 이는 곧 척추측만, 후만, 전만 등의 원인이 된다. 이렇게 척추 변형이 진행되면 양쪽 어깨의 높이가 달라지고 더 나아가 가슴선도 비대칭해진다. 더 심한 경우에는 안면 비대칭이 발생하기도 한다.

또 골반이 틀어지면 다리 길이도 차이가 난다. 이런 경우 골반을 움직일 때 대퇴골(넓적다리뼈)을 통한 하체의 움직임에 무리가 따를 수 있다.

삐뚤어진 골반을 바로잡지 않은 상태에서 하체를 움직이면 비정상적인 근육 활동을 만들어 성장기 아이의 경우 다리가 휘는 원인이 된다. 더욱이 틀어짐이 심해지면 내부 장기에도 영향을 줘서 몸의 신진대사와 호르몬대사를 저하시킨다. 이렇게 신진대사와 호르몬대사가 저하되면 살이 쉽게 찌는 체질로 바뀌는 경우가 많다. 특히 골반이 삐뚤어져서 생기는 대사 저하의 경우 복부, 옆구리, 허리, 허벅지 등 골반을 중심으로 한 부위에 집중적으로 살이 쪄서 복부와 하체 비만을 야기하기도 한다. 따라서 골반을 바로잡는 것은 아이에게는 성장의 방해 요소를 해결하는 방법이며, 엄마에게는 복부와 하체 비만을 개선하는 가장 중요한 해결책이다.

하루 10분 홈 피트니스는 이 모든 사항들을 고려해 틀어진 골반을 바로잡고 근육을 강화할 수 있는 동작들로 구성되어 있다. 한쪽 다리로 균형을 잡거나 호흡에 따라 발목과 종아리를 움직이는 등 골반을 사용한 동작들이 주를 이룬다.

골반은 왜 틀어질까?

많은 사람들이 하루 중 대부분의 시간을 앉아서 생활하는데, 앉아 있으면 자연스럽게 골반이 체중을 지지하게 된다. 때문에 골반을 '제 2의 발'이라고 부르는 것이다. 그만큼 골반은 우리 몸에서 중요한 지지 역할을 하고 있다. 골반 틀어짐의 가장 큰 원인은 다리를 꼬고 있는 습관이다. 골반에 골고루 나뉘어야 할 무게가 한쪽으로 쏠려 자연스럽게 골반이 틀어지는 것이다. 또한 의자 끝부분에 걸터앉아 몸을 뒤로 눕히는 자세와 의자 팔걸이에 한쪽 팔을 기대고 앉는 자세도 골반 틀어짐의 원인이 된다. 근력의 약화도 큰 원인이 된다. 척추와 골반을 잡아주는 작은 근육들을 안정근이라고 하는데, 이 근육군들이 약해지면 척추는 바로 설 수 없어 지탱하지 못하고 틀어지게 된다. 틀어진 척추는 골반의 밸런스를 무너뜨리고 그 결과 골반이 틀어지게 되는 것이다.

무작정 아무 동작이나 하는 것은 진정한 운동이 아니다. 신체를 이해하고 효과적으로 자극할 수 있어야 진짜 운동이다. 하루 10분, 올바른 자세와 호흡으로 동작을 하며 골반의 움직임을 느끼고, 조금씩 변화하는 자신의 모습을 보며 운동의 즐거움을 경험해보길 바란다.

견갑골의 위치를 바로 잡아요

견갑골이 틀어지면 어깨통증이 따르고, 근육의 움직임이 제한돼 신체 기능이 저하된다. 또한 척추가 휘게 되면서 어깨 관절의 움직임을 저하시켜 오십견, 경추통증, 거북목을 만드는 원인이 되기도 한다. 따라서 견갑골의 위치를 제대로 잡는 것은 척추측만과 거북목 개선을 위해 중요하다.
척추측만과 거북목은 통증이 따르는 것은 물론 보기에도 안 좋다. 또 불안정한 자세를 만들어 아이의 성장에 걸림돌이 되고, 키가 큰 아이도 작아 보이는 외모를 만든다. 하루 10분 홈 피트니스는 견갑골의 위치를 잡기 위해 팔과 어깨를 사용하는 스트레칭 방법을 포함했다. 곧고 위풍당당한 자세를 만들어 성장과 몸매 개선에 도움을 줄 것이다.

틀어진 척추를 개선해요

일반적으로 틀어진 골반을 바로잡은 뒤 견갑골을 활성화시켜 제 위치를 찾아주면 틀어진 척추를 어느 정도 개선할 수 있다. 또 골반과 견갑골을 움직인 뒤 자연스럽게 신체를 위아래로 길게 뻗는 스트레칭을 하면 틀어진 척추가 곧게 펴진다. 하지만 자연스러운 척추 라인을 만드는 데는 턱없이 부족한 동작들이다.

앞으로 소개할 동작들은 골반과 견갑골의 위치를 잡아주고 관절의 움직임을 최대한 늘려 척추 라인이 자연스럽게 펴지도록 유도했다. 체형 밸런스를 잡아 틀어진 척추와 불안정한 자세를 개선하고 곧게 뻗은 멋진 몸을 만들 수 있다. 또 엄마의 허리 통증 완화와 굴곡 있는 보디라인을 만드는 데도 도움이 된다.

몸의 순환을 높여요

순환을 높인다는 것은 몸의 신진대사를 향상시킨다는 의미이고, 혈액순환이 높아진다는 것은 몸에 산소와 영양소가 원활하게 순환한다는 것을 말한다. 순환대사를 높이면 면역력 증진뿐만 아니라 부수적으로 노폐물 배설 및 셀룰라이트 감소 등의 효과도 얻을 수 있다. 또한 움직임의 집중력과 밀도를 높여 성장호르몬 대사를 활성화시키는 효과가 있다. 따라서 성장기 아이에게 키가 더 클 수 있는 가능성을 열어준다. 덤으로 성장호르몬은 체지방 감소 기능도 하기 때문에 성장기 아이는 소아비만을 예방하고 개선하며, 엄마는 군살을 제거하고 지방을 감소하는 데 도움을 준다. 따라서 순환을 높이는 운동을 꾸준히 하는 것이 중요하다.

하루 10분 홈 피트니스는 순환 효과를 극대화하기 위해 동일한 강도의 움직임을 유지할 수 있는 동작들로 구성했다. 처음에는 강도와 움직임을 동일하게 유지하기 쉽지 않을 것이다. 하지만 동작마다 연결성이 있어 꾸준히 하다 보면 자연스럽게 유지되니 걱정할 필요는 없다.

트위스트 동작을 이용해요

일반적인 체조나 근력 운동 동작들은 수축과 이완을 기본으로 구성되어 있다. 하루 10분 홈 피트니스 역시 수축과 이완 동작(트위스트 동작)을 실시하는데, 움직임의 범위와 근육 사용 방법에 약간의 차이가 있다. 일반적인 근력 운동을 할 때 동작은 관절의 움직임에 반하는 동작이기 때문에 제한하거나 반동을 주지 않는 소극적인 동작만 실시하는 경우가 많다.

하루 10분 홈 피트니스 역시 트위스트 동작을 할 때 반동을 주는 것은 권장하지 않는다. 하지만 뼈와 뼈 사이의 성장판을 자극하는 부드럽고 자연스러운 반동은 인정한다. 관절의 움직임을 충분히 인정한 트위스트 동작은 가늘고 긴 근육을 만드는 데 도움을 주기 때문이다. 여성들이 원하는 날씬한 몸매를 만들어주는 것은 물론 성장기 아이의 성장판을 자극하는 근육이 자연스럽게 움직일 수 있게 도와줄 것이다.

운동 전 기억하기

본격적으로 운동을 시작하기 전, 운동 효과를 극대화하기 위해 꼭 기억해 두어야 할 점들이 몇 가지 있다. 만약 아이가 쉽게 이해하지 못한다면 엄마가 옆에서 함께하며 동작과 호흡법에 대해 설명해주자.

숨은 항상 깊이 쉬되 호흡법을 지키세요

불규칙적인 호흡이나 짧은 호흡을 하면 근육이 덜 움직여서 척추 뼈와 연결된 심부 안정근의 사용을 제한한다. 그러면 하루 10분 홈 피트니스의 핵심이라 할 수 있는 척추측만 개선과 체형 교정 효과가 떨어지게 된다.

하루 10분 홈 피트니스를 완벽하게 실행해 효과를 극대화하기 위해서는 숨은 최대한 깊게 쉬고 들숨과 날숨을 자연스럽게 유지하는 기본적인 호흡법을 지켜야 한다는 것을 기억하자.

몸을 부드럽게 움직이세요

모든 동작은 관절을 최대한 움직이는 방법으로 진행한다. 이 때 몸을 부드럽게 움직여 관절에 자극을 주지 않도록 한다. 딱딱 끊기는 관절의 움직임은 자칫 아이의 성장판에 손상을 줄 수 있기 때문이다. 엄마 역시 무릎과 고관절 연골 보호를 위해서 동작을 자연스럽고 부드럽게, 물 흐르듯이 하자.

골반과 척추의 움직임에 신경 쓰세요

하루 10분 홈 피트니스를 할 때는 골반과 척추, 견갑골의 움직임에 집중하고 신경 쓰는 것이 중요하다. 이렇게 하면 많은 근육을 동시에 사용하게 되어 신진대사를 높일 수 있다. 더불어 움직임과 기능이 떨어지는 주변 근육들을 활성화시키고 제자리로 돌려주는 체형 교정 효과도 볼 수 있다.

아이는 아직 골반과 척추의 위치가 어디인지, 어떤 역할을 하는지 정확히 알지 못하기 때문에 엄마가 최대한 동작에 집중할 수 있게 도와줘야 한다. 동작을 할 때 신체의 어느 부분이 자극을 받는지 수시로 물어보며 잘못된 동작을 바로잡아주자.

PLUS TIP

성장기록표 관리하기

꼼꼼한 엄마는 가계부를 쓴다. 가계부를 쓰면 가정의 돈이 어떤 식으로 쓰이는지 파악하고 앞으로 어떻게 자금관리를 할지 계획을 세울 수 있기 때문이다.

'성장기록표'도 마찬가지다. 자녀의 성장을 꼼꼼히 관리할 줄 아는 엄마라면 성장기록표를 만들어 아이의 성장을 관리하자. 내 아이의 성장을 꼼꼼히 기록하면 최종 목표, 성장수치 등을 계획성 있게 기록해 건강한 성장을 이뤄나갈 수 있기 때문이다. 또한 우리 아이가 어떤 식으로 커나갔는지 볼 수 있는 좋은 추억거리가 될 것이다.

성장기록표를 쓰는 이유는 두 가지다. 하나는 자녀가 원하는 목표치만큼 멋지고 건강하게 성장하기 위해서, 또 다른 하나는 성장의 방해 요소나 부족한 점을 체크해서 원인을 파악하고 개선하기 위해서다.

성장기록표를 꼼꼼하게 작성하기 위해서는 키, 몸무게, 식사와 간식, 영양제나 보약, 병력사항(병명, 증상, 기간 등), 운동량과 시간, 수면시간 등을 체크해야 한다. 키와 몸무게는 아침에 일어나서 일정한 시간에 재는 것을 원칙으로 하되, 매일매일 재기 번거롭다면 일주일에 하루 정도 날을 정해서 측정하고 꾸준히 기록한다.

아이의 성장 추이를 보았을 때 또래 아이보다 현저히 키가 작거나 성장곡선이 더딜 경우에는 보다 각별히 원인 파악에 신경을 써야 한다. 영양이나 습관, 수면시간, 운동량 등에 부족은 없는지 체크해보고 성장을 저해하는 스트레스 원인은 없었는지 다시 한 번 점검해보자.

성장기록표의 예

성장기록표를 작성하는 것은 어렵지 않다. 다이어리에 간단하게 몇 가지 요소를 체크하면 된다. 혹은 바둑판 모양의 탁상용 캘린더를 이용하는 것도 좋은 방법이다.

 예 1

2012. 1. 1
키: 157cm
몸무게: 48kg
아픈 곳: 없음
영양: 비타민 C 1정
수면 시간: 8시간

2012. 1. 7
키: 157.2cm
몸무게: 48.1kg
아픈 곳: 감기 증상(2일째, 감기약 복용 1일)
영양: 비타민 C 1정, 채소와 과일 섭취 신경 씀
수면시간: 8시간

예 2

1 160cm, 50kg, 8시간	2	3	4	5	6	7 160.1cm, 51kg, 8시간
8	9	10	11	12 장염 증상 병원 갔다 옴	13	14 장염 증상 완화
15 161cm, 51kg, 8.5시간	16	17	18	19	20	21
22 161.2cm, 51.2kg, 8시간	23	24	25	26	27	28

PART
2

하루 10분
즐거운 홈 피트니스

하루 10분 홈 피트니스를 본격적으로 시작해봐요!

Level 1부터 따라 하며 아이의 상태를 파악한 후 다음 과정의 진행 여부를 결정하세요.

어느 과정에서 마무리하든 한 Level을 마친 후에는 반드시 칭찬과 격려를 해주는 것도 잊지 마세요.

※구체적인 시간과 횟수가 나와 있지 않은 동작은 무조건 10회! 실시하세요.

엄마와 함께하는
재미있는 운동 놀이

엄마와 놀이하듯 운동해요!
스트레칭 위주의 동작으로 어린 아이들도 쉽게 따라 할 수 있어요.
평소 사용하지 않는 근육의 긴장을 풀어줘 엄마는 군살을 제거해주고,
아이는 몸을 유연하게 만들어주는 효과가 있답니다.
엄마와 아이의 유대감을 상승시키고 운동의 재미까지 느낄 수 있을 거예요.

▲
EXERCISE 01

점프 손뼉치기

▲
EXERCISE 02

공중부양하기

▲
EXERCISE 03

손바닥 움직이기

▲
EXERCISE 04

비행기 만들기

▲
EXERCISE 05

등 대고 허리 돌리기

▲
EXERCISE 06

발끝으로 인사하기

▲
EXERCISE 07
손 내밀며 인사하기

▲
EXERCISE 08
구름다리 만들기

▲
EXERCISE 09
손잡고 뒤로 눕기

▲
EXERCISE 10
가슴 펴고 조이기

▲
EXERCISE 11
손잡고 균형 잡기

▲
EXERCISE 12
손잡고 뒤로 발차기

▲
EXERCISE 13
날아라 슈퍼맨

▲
EXERCISE 14
발로 박수 치기

▲
EXERCISE 15
네 발 걷기

▲
EXERCISE 16
발바닥 원 그리기

하루 10분
홈 피트니스
Level 1 START!

점프 손뼉치기

ACTION

엄마와 아이의 스킨십으로 유대감이 상승하고 아이의 하체 및 허리의 성장점을 자극해요.

◀ 1

엄마는 양손의 손목을 세우고 앞으로
내밀어 아이가 엄마의 양손에 손뼉치기
(하이파이브)를 하도록 유도한다.

▲
2

아이와 손뼉치기를 하며 엄마의 손 위치를
아래에서 위로 조금씩 올린다.

3 ▶

이 동작을 2번 반복한다.

PLUS TIP   엄마의 손 높이는 아래에서 위로
5간격 정도 나누며 올려준다.

공중부양하기

ACTION

엄마는 종아리와 허벅지가 날씬해지고
아이는 척추가 정렬되고 팔다리의 근력과 균형 감각이 향상돼요.

1

엄마는 양 무릎을 세우고 눕는다. 아이는
엄마의 발등에 앉은 뒤 다리에 등을 기대
고 손을 하늘 위로 높이 든다.

2

엄마가 다리를 들어 아이를 공중에 띄운
뒤 팔과 다리를 위아래로 움직인다.

PLUS TIP 아이는 엄마의 다리에 등을 완전히 밀착시킨다.

손바닥 움직이기

ACTION

엄마와 아이가 교감하는 동작이에요. 엄마는 팔 라인이 매끈해지고
아이는 척추 골반과 어깨의 유연성이 향상돼요.

① ▶

엄마와 아이가 마주 보고 서서 어깨너비로 다리를
벌린 뒤 서로의 양손을 마주 붙인다.

PLUS TIP 동작을 할 때 발은 움직이지 않는다.

② ▶

아이의 손바닥이 떨어지지 않게 조심하면서 천천히 크고
작은 원을 그린다.

비행기 만들기

누구나 집에서 한번쯤 해봤을 비행기 만들기 운동이에요.
정확한 방법으로 움직이면 균형 감각이 발달하고 척추가 튼튼해져요.

◀ **①**

엄마가 바닥에 누워 양 발바닥을 아이의
복부 부위에 댄 뒤 서로 양손을 잡는다.

 ② ▶

엄마는 숨을 내쉬며 무릎을 펴 아이를 공중에 띄
운다. 아이는 공중에서 균형을 잡는다.

PLUS TIP 양 발바닥으로 아이를 지탱하기 힘들 때는
정강이를 사용한다.

39

EXERCISE 05

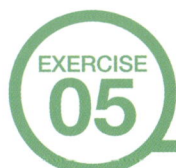

등 대고 허리 돌리기

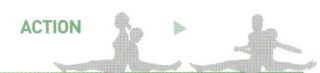

ACTION

허리를 이완시켜 허리 라인은 날씬하게, 척추 라인은 튼튼하게 만들어줘요.

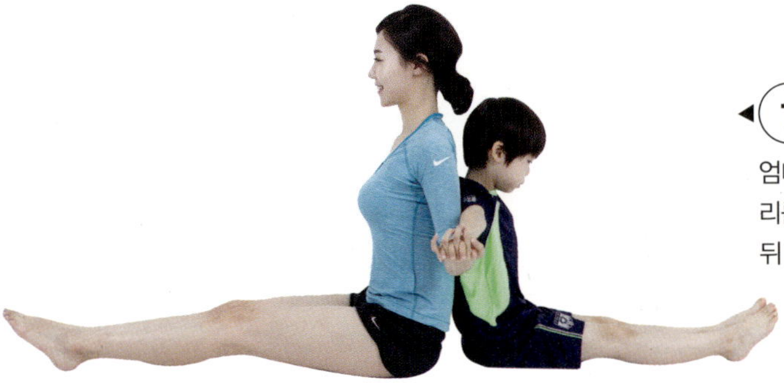

◀ ①

엄마와 아이가 서로 등을 맞대고 앉아 다리를 앞으로 뻗는다. 양손을 옆으로 벌린 뒤 서로의 손을 맞잡는다.

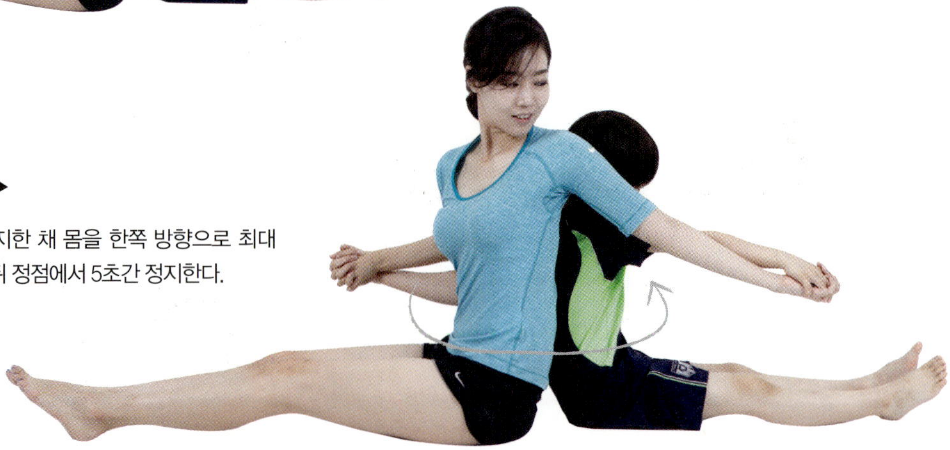

② ▶

1을 유지한 채 몸을 한쪽 방향으로 최대한 튼 뒤 정점에서 5초간 정지한다.

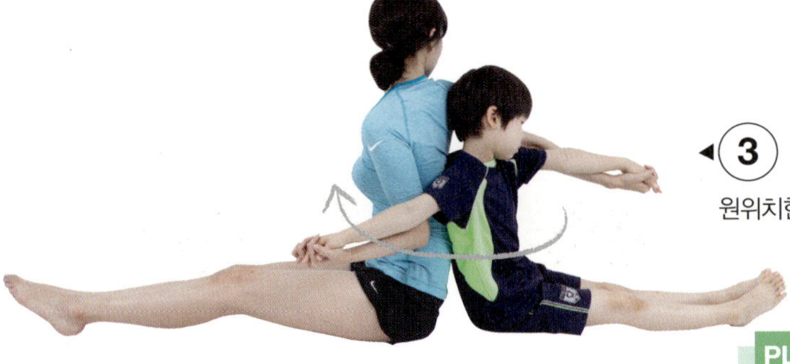

◀ ③

원위치한 뒤 반대쪽도 똑같이 실시한다.

PLUS TIP 시선은 몸을 트는 방향에 두고 양팔의 각도는 180도를 유지한다.

발끝으로 인사하기

ACTION

균형 감각과 골반의 유연성, 척추 근육을 강화하는 동작이에요.

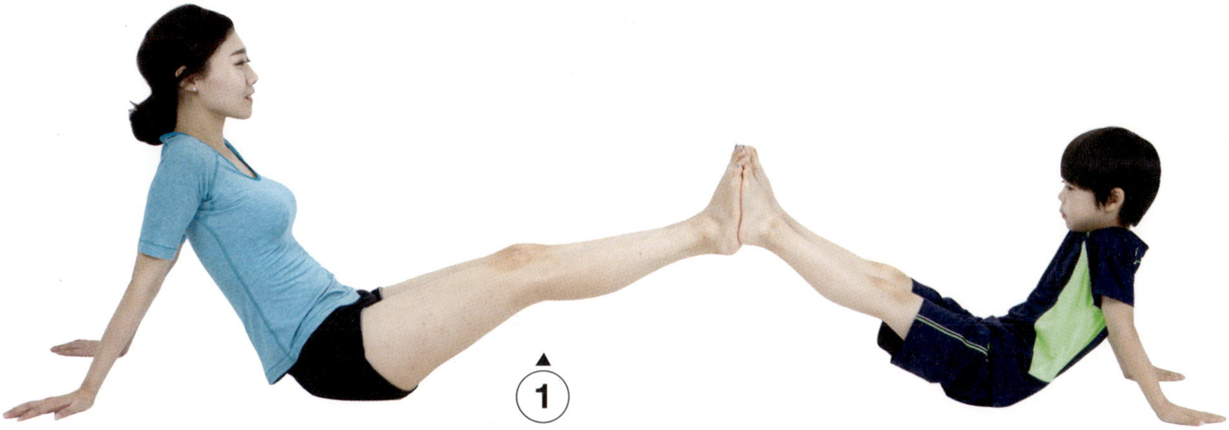

▲
①

엄마와 아이가 1m 정도 떨어진 거리에서
마주 보고 앉는다. 양손으로 허리 뒤쪽을
받치고 균형을 잡은 뒤 발을 공중으로 들
어 서로 발바닥을 맞댄다.

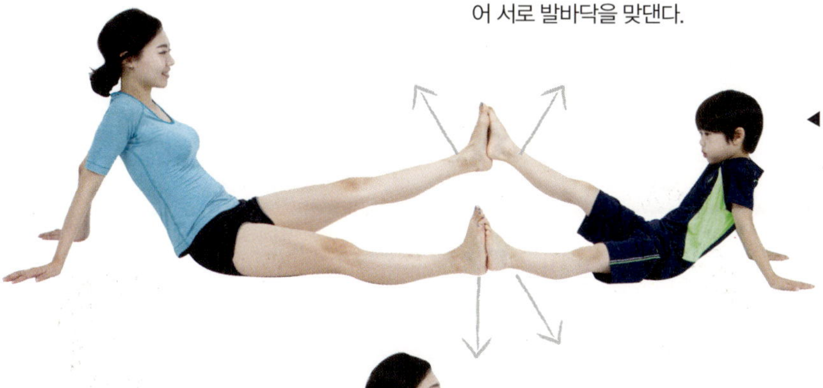

◀ **②**

양 다리를 좌우로 벌린다.

③ ▶

원위치로 돌아온다.

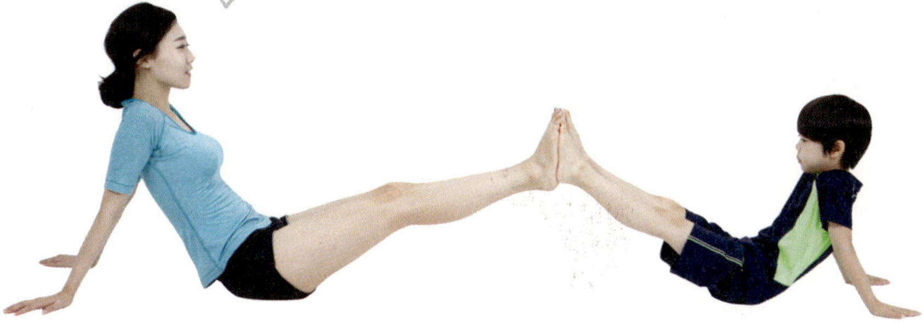

PLUS TIP 발을 공중으로 들어 올릴 때 허리 뒤쪽으로 받
친 손에 힘을 줘야 위험하지 않다.

41

EXERCISE 07 손 내밀며 인사하기

팔과 허리를 스트래칭 해 허리 및 하체 근육을 이완시키는 동작이에요.

◀ **1**
엄마와 아이가 서로 마주 보고 앉아 발바닥을 맞댄다.

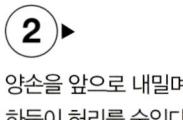

2 ▶
양손을 앞으로 내밀며 인사하듯이 허리를 숙인다.

42

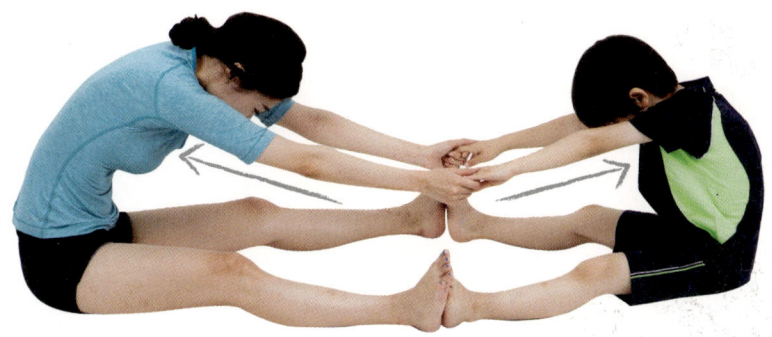

③

2의 상태에서 서로의 손을 잡고 10초간 당긴다.

④

허리를 펴고 원위치한다.

PLUS TIP 무릎은 손을 잡을 수 있을 정도로 굽혀주되, 익숙해지면 무릎을 펴고 실시한다.

 EXERCISE 08

구름다리 만들기

 ACTION

복부와 가슴, 허벅지 앞쪽을 이완시키고 허리 근력, 손목 강화에 도움을 주는 동작이에요.

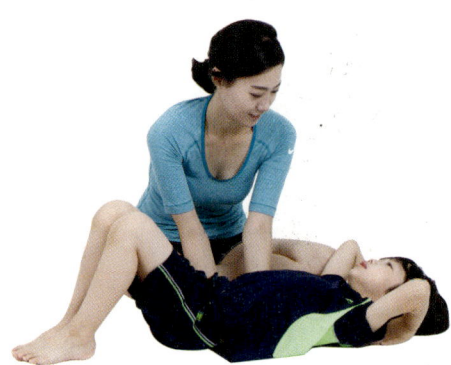

◀ **1**

아이는 바닥에 누워 무릎을 세운 뒤 양손은 손바닥이 바닥 쪽으로 향하도록 양쪽 귀 옆에 놓는다. 엄마는 아이 옆에 앉는다.

2 ▶

아이가 숨을 내쉬며 허리를 들어 올린다. 엄마는 아이의 허리를 잡고 구름다리를 만들 듯 허리 아치를 만들어 10초간 유지한다.

PLUS TIP 동작을 할 때는 통증이 없는 범위에서 서서히 허리를 들어 올리고 내려갈 때도 충격이 없도록 서서히 내린다.

EXERCISE 09

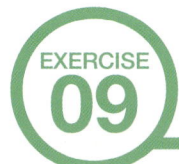

손잡고 뒤로 눕기

ACTION

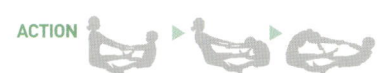

아이는 허리 근력 강화 및 유연성이 증대되고 엄마는 허리 군살이 빠지는 동작이에요.

1 ▶

엄마와 아이가 서로 마주 보고 앉는다. 아이는 다리를 최대한 옆으로 벌린 뒤 발바닥을 엄마의 종아리 부분에 맞댄다.

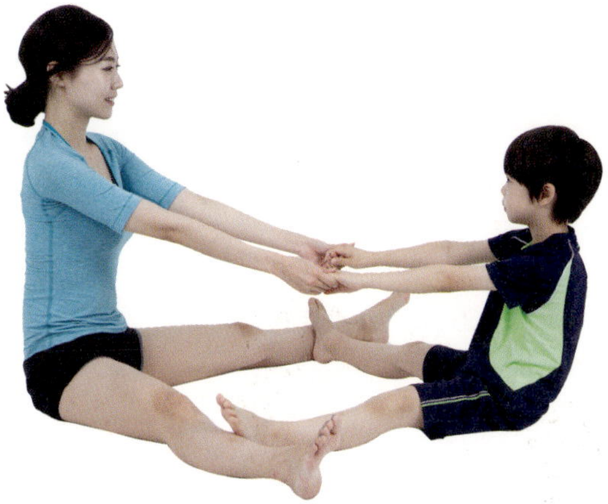

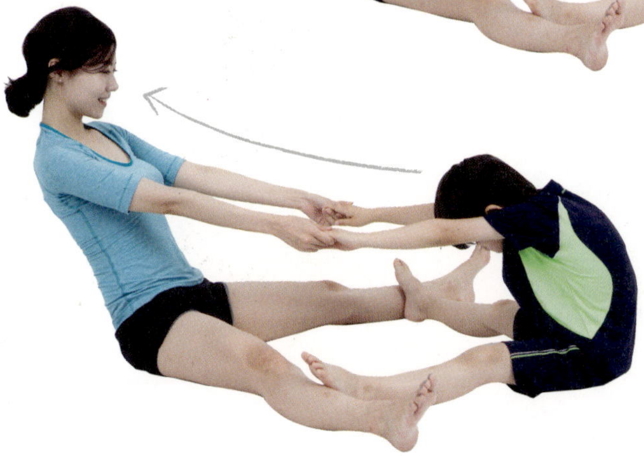

◀ **2**

서로 양손을 잡고 아이가 앞으로 구부리면 엄마는 몸을 뒤로 젖히며 잡아당긴다.

3 ▶

2와 반대로 아이가 몸을 뒤로 젖히며 엄마를 잡아당기고 엄마는 앞으로 몸을 구부렸다가 천천히 원위치한다.

PLUS TIP 허리에 통증이 없는 범위에서 천천히 실시한다.

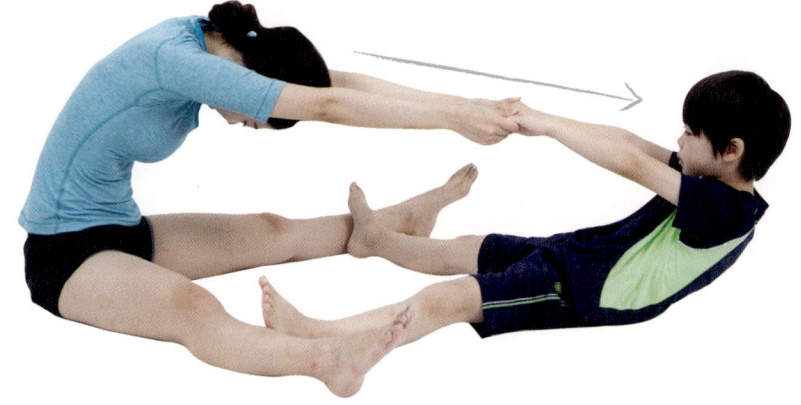

가슴 펴고 조이기

아이는 가슴이 펴지고 어깨의 유연성이 좋아지며, 엄마는 삼두근이 발달해 상체에 탄력이 생겨요.

1

엄마가 무릎을 세우고 앉으면 아이는 양손을 허리에 얹고 엄마의 발등 위에 앉는다. 엄마가 뒤에서 아이의 양 어깨를 잡고 뒤로 젖힌다.

2

반대로 아이는 숨을 내쉬며 양 팔꿈치를 최대한 앞쪽으로 모은다. 엄마는 아이의 양 어깨를 잡고 서서히 앞쪽으로 밀어준다. 엄마와 아이가 번갈아가며 실시한다.

PLUS TIP 통증이 없다면 횟수를 조금 늘려 15회 정도 실시해도 좋다.

 **EXERCISE 11**

손잡고 균형 잡기

골반 근육 강화와 균형 감각을 상승시키는 효과가 있어요.

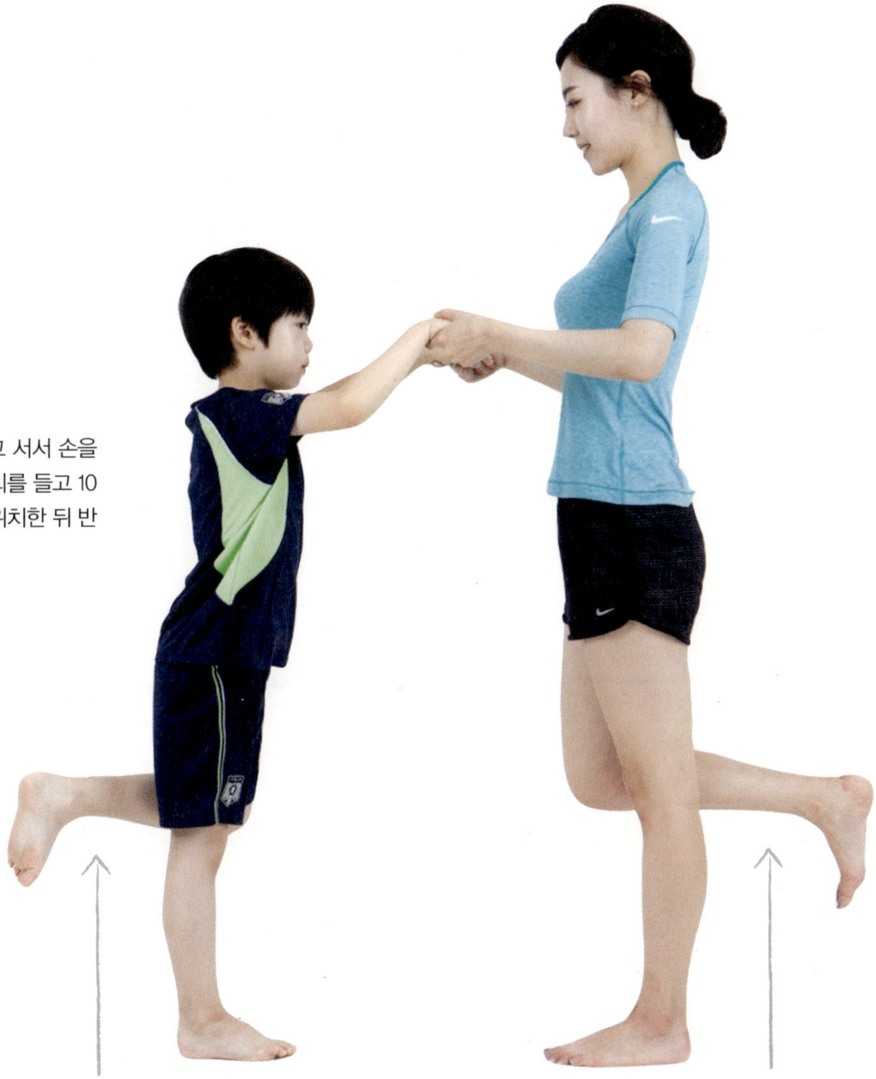

▶ 엄마와 아이가 마주 보고 서서 손을 맞잡는다. 각자 한쪽 다리를 들고 10 초간 균형을 잡는다. 원위치한 뒤 반 대쪽도 똑같이 실시한다.

PLUS TIP 동작이 익숙해지면 시간을 점점 늘려준다.

47

손잡고 뒤로 발차기

ACTION

균형 감각과 허리 근력, 골반 강화에 효과가 있는 동작으로
엄마와 아이가 한 번씩 번갈아가며 놀이하듯 운동할 수 있어요.

◀ 1

엄마와 아이가 마주 보고 선 뒤 엄마
가 손을 뻗어 아이의 손을 잡아준다.
아이는 한쪽 다리를 앞으로 구부리고
상체를 숙인다.

◀ 2

1의 상태에서 숨을 내쉬며 구부린 다
리를 힘껏 뒤로 찬 뒤 숨을 들이마시
며 원위치한다. 반대쪽도 똑같이 실시
한다. 엄마와 아이가 번갈아가며 실시
한다.

PLUS TIP
동작이 익숙해지면 더 멀리서
잡아준다. 단, 중심을 잡을 수
있는 범위를 벗어나면 안 된다.

날아라 슈퍼맨

ACTION

아이의 등과 허리 근력을 강화하고 복부 및 가슴 근육을 이완시키는 동작이에요.
엄마는 군살 없는 등 라인을 만들어 준답니다.

◀ 1

아이는 팔을 앞으로 쭉 뻗은 채 엎드
리고 엄마는 아이 뒤에 앉아 아이의
발목을 잡는다.

◀ 2

아이는 1의 상태에서 숨을 내쉬며 양
팔을 최대한 위로 올린다. 숨을 들이마
시며 원위치한다. 엄마와 아이가 번갈
아가며 실시한다.

PLUS TIP 동작은 2초간 유지하고 10회 반복한다.

발로 박수 치기

하루의 대부분을 의자에 앉아서 보내는 아이의 답답한 골반을 순환시키고
엄마의 힙과 허리의 수평을 맞춰주는 동작이에요.

1

엄마와 아이가 마주 보고 선 뒤 어깨너비로 다
리를 벌린다. 왼쪽 다리를 바깥쪽으로 접어 차
올린다. 이때 왼손을 내려 발바닥을 소리가 나
게 친다. 반대쪽도 똑같이 실시한다.

2 ▶

1이 익숙해지면 다리를 더 힘껏 차올
려 정강이 부분을 친다.

PLUS TIP
엄마와 아이가 경쟁하듯 박수를 치면 재미도
두 배, 운동 효과도 두 배가 된다.

50

네 발 걷기

ACTION

손과 발을 바닥에 대고 움직이는 동작이에요.
척추를 정렬해주고 견갑골과 골반을 순환시켜준답니다.

▲

엄마와 아이가 나란히 서서 손과 발을 바닥에 대고 네 발 걷기 자세를 취한다.
오른손과 왼쪽 다리로 걷고, 왼손과 오른쪽 다리로 번갈아가면서 걷는다.

PLUS TIP 동작이 익숙해지면 손과 발의 순서를 자연스
럽게 바꾸고 보폭도 조금씩 늘려준다.

발바닥 원 그리기

아이는 고관절 성장점이 자극을 받고 엄마는 하체가 날씬해지는 동작이에요.

1

엄마와 아이가 발바닥을 맞대고 눕는다.

2

1의 상태에서 발바닥이 떨어지지 않게 조심하면서 안쪽에서 바 깥쪽으로 원을 그린다.

원을 바깥쪽에서 안쪽으로 한 번 더 그린다.

PLUS TIP 동작이 익숙해지면 원을 점점 더 크게 그려준다.

아이는 키 쑥쑥
엄마는 S라인 만드는 홈 피트니스

전신을 자극하는 동작들로 명시된 호흡법과 주의 사항을 잘 지켜주세요.
아이의 키 성장에 좋다는 줄넘기나 엄마의 다이어트에 좋은 요가보다 훨씬 효과가 크답니다.

EXERCISE 01

제자리 걷기

EXERCISE 02

팔 뻗기

EXERCISE 03

온몸 비틀기

EXERCISE 04

팔 비틀기

EXERCISE 05

온몸 뻗기

EXERCISE 06

가슴 모으기

EXERCISE 07

골반 돌리기

EXERCISE 08

다리 돌리고 차기

EXERCISE 09

다리 옆으로 틀기

EXERCISE 10

허리 비틀기

EXERCISE 11

앉았다 서기

EXERCISE 12

숙여서 몸 비틀기

EXERCISE 13

앉아서 몸 비틀기

EXERCISE 14

앉아서 발차기

EXERCISE 15

크게 숨 쉬기

하루 10분
홈 피트니스
Level 2 START!

 EXERCISE
01

제자리 걷기

 ACTION

팔다리를 최대한 쭉쭉 뻗으며 걷는 동작이에요.
엄마와 아이 모두 전신 순환과 관절이 이완되는 효과를 볼 수 있어요.

◀

팔다리를 최대한 위로 쭉쭉
뻗으며 제자리에서 걷는다.

PLUS TIP 무릎은 복부까지, 팔은 어깨 높
이까지 올려준다.

팔 뻗기

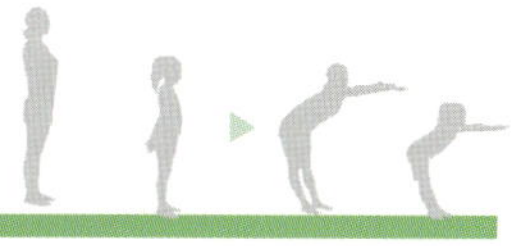

견갑골과 허리가 이완되고 뱃살 제거에도 도움이 되는 동작이에요.

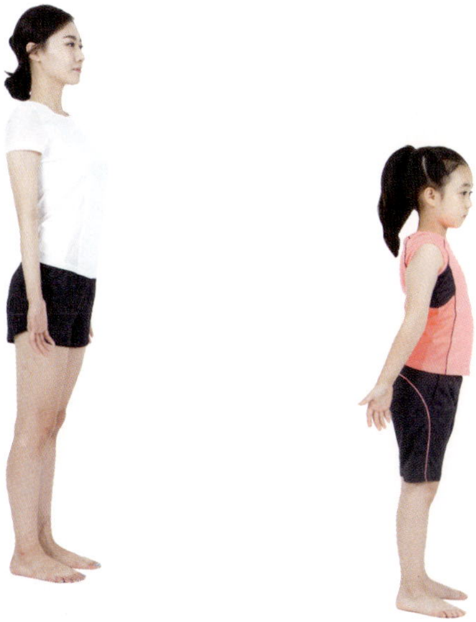

◀ 1

허리를 곧게 펴고 선 뒤 손바닥이 정면을 향하도록 놓는다.

2 ▶

숨을 내쉬며 허리를 구부린 상태에서 팔을 앞으로 쭉 뻗는다.

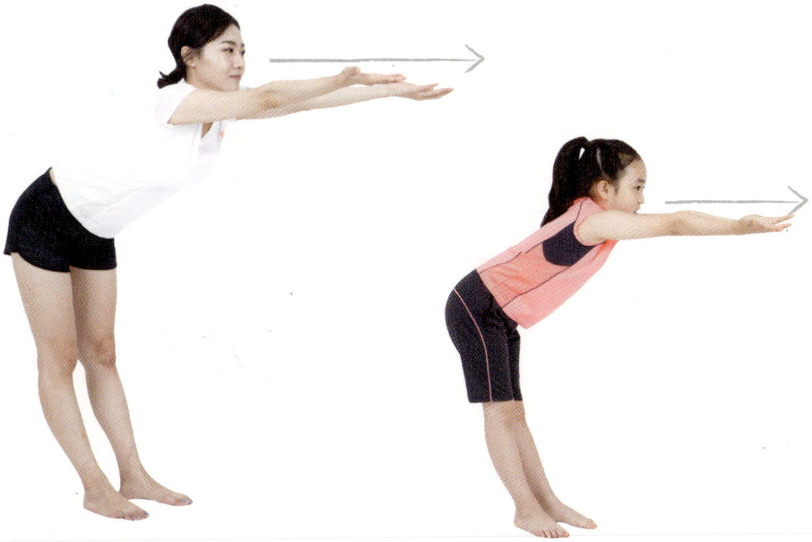

 PLUS TIP 손바닥은 턱 선까지 올리고 팔꿈치는 최대한 쭉 편다.

온몸 비틀기

ACTION

아이의 성장에 중요한 영향을 미치는 골반 척추를 강화하는 동작으로
엄마와 아이 모두 매끈한 허리라인을 만들 수 있어요.

◀ **1**

숨을 내쉬며 양팔은 위로 길게 뻗고 오
른쪽 다리는 뒤로 길게 뻗는다.

2 ▶

숨을 들이마시며 원위치한다. 숨을 내쉬며
1의 동작을 취한 뒤 몸과 다리를 왼쪽으로
비틀어준다. 원위치한 뒤 반대쪽도 똑같이
실시한다.

PLUS TIP 아이가 발목 비틀기를 힘들
어하면 발끝을 바닥에 대고
발목을 자연스럽게 비틀 수
있게 도와준다.

팔 비틀기

ACTION

양팔을 쭉 뻗어 견갑골을 순환하는 동작이에요.
목과 어깨의 피로가 풀리고 팔 라인이 슬림해진답니다.

▶

양팔을 좌우로 쭉 뻗는다. 숨을
내쉬며 오른쪽 팔목은 위로 틀
고, 왼쪽 팔목은 아래로 튼다. 숨
을 들이마시며 원위치한 뒤 반
대쪽도 똑같이 실시한다.

PLUS TIP 이 동작은 호흡 조절이 중요하다.
숨을 내쉬고 들이마시는 시점을
잘 맞추도록 한다.

온몸 뻗기

EXERCISE
05

견갑골과 골반을 이완시키고 척추 정렬을 개선하는 동작이에요. 팔다리를 앞뒤로 쭉쭉 뻗어 몸을 늘이면 엄마는 등 라인이 매끈해지고 아이는 스트레칭 효과가 있답니다.

1

허리를 곧게 펴고 선 뒤 손바닥
이 정면을 향하도록 놓는다.

2

숨을 내쉬며 양팔은 앞으로 쭉 뻗고
오른쪽 다리는 뒤로 길게 뻗는다.

▲
③
숨을 들이마시며 원위치한다.

팔다리는 최대한 쭉 뻗는다.

▲
④
2의 과정을 반복한다. 원위치한 뒤 반대
쪽도 실시한다.

가슴 모으기

많은 사람이 한번쯤은 해봤을 가슴 모으기 동작이에요. 정확한 동작과 호흡 방법을 취하면 견갑골 이완과 흉추 정렬이 개선돼요. 더불어 엄마는 가슴 리프팅 효과까지 얻을 수 있답니다.

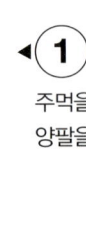

◀ ① 주먹을 쥔 뒤 팔꿈치를 90도로 접는다. 숨을 내쉬며 양팔을 가슴에 모은다.

② ▶ 숨을 들이마시며 다시 양팔을 바깥쪽으로 편다.

PLUS TIP 가슴을 펼 때도 팔은 90도를 유지한다.

골반 돌리기

ACTION

골반을 순환시켜 혈액순환이 원활해지고 하체의 셀룰라이트까지 제거되는 효과를 볼 수 있어요.

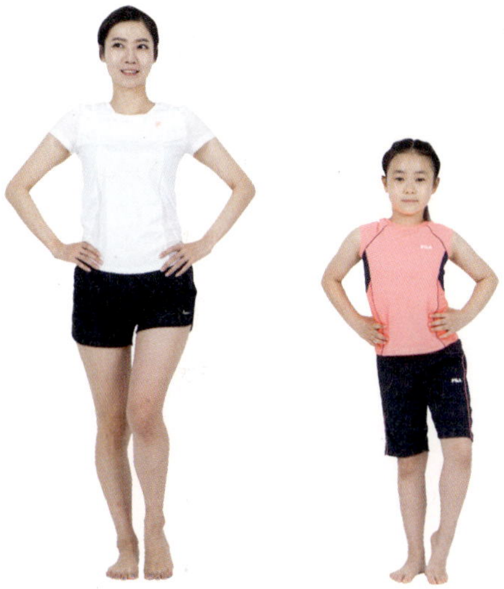

1

다리를 어깨너비로 벌리고 서서 손으로 허리를 받친 뒤 왼쪽 발꿈치를 세운다.

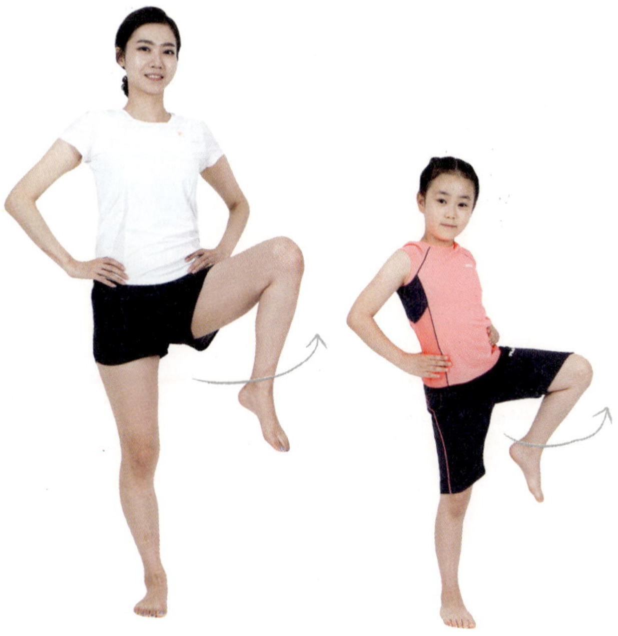

2

숨을 내쉬면서 무릎을 배꼽까지 올린 뒤 다리를 바깥쪽으로 돌린다. 이 상태를 10초간 유지한 뒤 원위치한다.

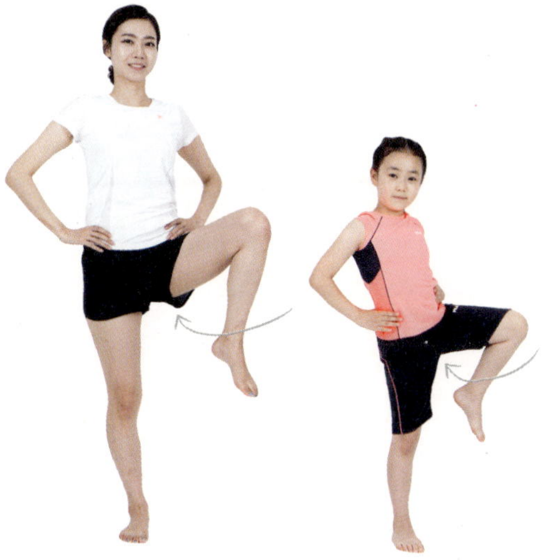

3

다시 숨을 들이마시며 무릎을 배꼽까지 올린 다음 다리를 안쪽으로 돌린다. 이 상태를 10초간 유지한다. 원위치한 뒤 반대쪽도 똑같이 실시한다.

 PLUS TIP 동작이 익숙해지면 서서히 다리를 높여준다.

 **EXERCISE 08**

다리 돌리고 차기

ACTION

골반을 순환시켜 성장점을 자극하는 동작이에요.
엄마는 복부와 하체가 슬림해지고 엉덩이의 셀룰라이트도 제거된답니다.

②

다시 다리를 안쪽으로 돌린 뒤 올렸던 다리를
뒤로 쭉 뻗는다. 반대쪽도 똑같이 실시한다.

①

다리를 어깨너비로 벌리고 선다. 숨을 들이
마시며 한쪽 무릎을 배꼽까지 올린 뒤 다리
를 바깥쪽으로 돌린다.

 PLUS TIP
무릎을 배꼽까지 올려 다리를 뒤로
뻗는 동작은 다리의 모양이 곧아지는
효과가 있다.

EXERCISE 09

다리 옆으로 틀기

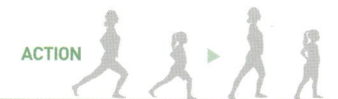

성장의 뼈대가 되는 허리와 골반을 강화하는 동작이에요.
옆구리와 힙 라인까지 정돈돼 군살 없는 라인을 만들어줘요.

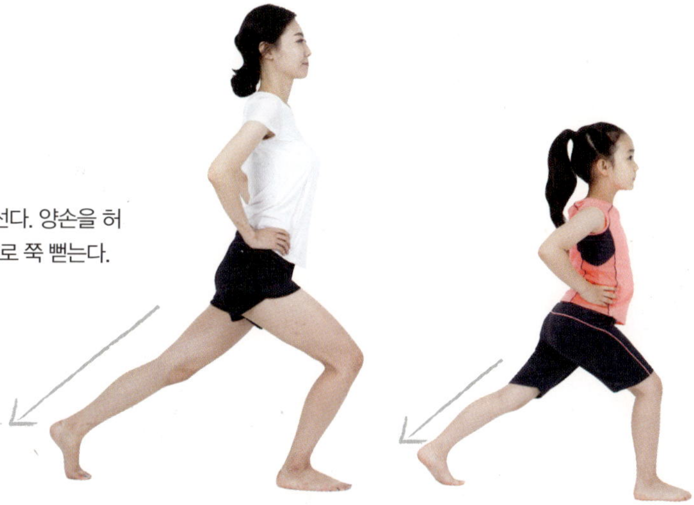

1 ▶

다리를 어깨너비로 벌리고 선다. 양손을 허리에 얹은 뒤 왼쪽 다리를 뒤로 쭉 뻗는다.

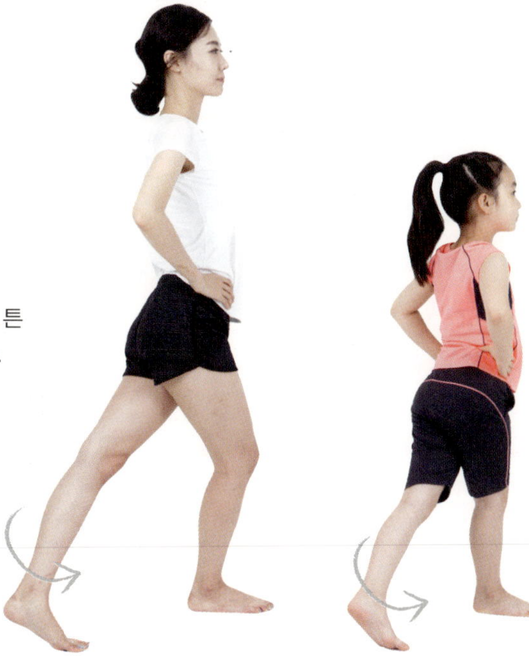

2 ▶

숨을 내쉬며 뒤로 뻗은 다리를 오른쪽으로 튼다. 원위치한 뒤 반대쪽도 똑같이 실시한다.

PLUS TIP

다리를 틀 때 몸과 시선은 최대한 정면을 바라본다.

허리 비틀기

ACTION

온몸 비틀기 동작은 척추가 휘는 척추 옆굽음증을 해소해주고
옆구리 라인을 매끈하게 만들어줘요.

 1

다리를 어깨너비로 벌리고 서서 양손
을 앞으로 쭉 뻗은 뒤 상체를 45도 정
도 숙인다.

2 ▶

1의 상태에서 왼쪽 다리를 뒤로 쭉
뻗는다. 숨을 내쉬며 몸과 팔을 오른
쪽 방향으로 틀었다가 숨을 들이마
시며 원위치한다. 반대쪽도 똑같이
실시한다.

 PLUS TIP 다리를 쭉 뻗은 뒤 발가락을 바닥
에 댄 채 자세를 유지한다.

EXERCISE
11

앉았다 서기

무릎과 골반의 성장점을 자극하는 동작이에요.
골반 강화와 척추 정렬 효과도 있답니다.

① ◀

양다리를 어깨의 두 배 너비로 벌리고 선 뒤
양손을 모아 위로 쭉 뻗는다.

② ▶

숨을 들이마시며 무릎을 90도로 접어 앉은 뒤 양
쪽 손끝을 모아 앞쪽 바닥에 댄다. 숨을 내쉬며 무
릎을 펴 일어서고 양손은 위로 쭉 뻗는다.

PLUS TIP 발끝이 바깥쪽으로 향하도록 자
세를 잡아야 효과가 더욱 크다.

숙여서 몸 비틀기

ACTION

흰 척추 라인을 바로잡고 무릎과 골반의 성장점을 자극해
성장에 도움을 줄 뿐만 아니라 하체가 날씬해지는 동작이에요.

◀ ① 양다리를 어깨의 두 배 너비로 벌리고 선 뒤
손등을 위로 두고 양팔을 앞으로 쭉 뻗는다.

② ▶
숨을 들이마시며 왼쪽 무릎을 접어
몸을 천천히 숙이면서 양손을 왼쪽
발끝 쪽으로 이동시킨다.

◀ ③ 숨을 내쉬며 양손을 앞으로 뻗으면서 원위
치한다. 반대쪽도 똑같이 실시한다.

PLUS TIP 몸은 무리가 가지 않는 선에
서 적당히 숙인다.

앉아서 몸 비틀기

ACTION

몸을 옆으로 비트는 동작도 정확한 방법으로 실시하면 골반과 척추의 밸런스를 맞추는
유익한 동작으로 재탄생해요. 엄마는 옆구리와 힙의 군살 제거에도 도움이 돼요.

◀ **1**

다리를 어깨너비로 벌리고 선다. 몸을
45각도로 구부린 뒤 양팔을 앞으로 쭉
뻗는다.

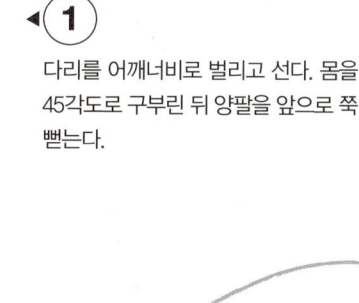

▲
2

숨을 내쉬며 왼쪽 다리를 뒤로 뻗은 뒤 살짝 앉는
다. 몸과 양손을 오른쪽으로 틀고 숨을 들이마시
며 원위치한다. 반대쪽도 똑같이 실시한다.

PLUS TIP 다리를 뻗고 살짝 앉을 때 배에 힘을 주어야
자세를 오랫동안 유지할 수 있다.

EXERCISE
14

앉아서 발차기

아이와 엄마 모두 골반의 밸런스가 잡히고 균형 감각이 발달해요.

▲
1

양손을 허리에 댄 뒤 양다리를 모아서 선다.

▲
2

숨을 들이마시며 무릎을 천천히 접어
45도 정도로 앉는다.

▲
③

숨을 내쉬며 오른쪽 다리를 앞으로 뻗어 킥을 하
며 일어선다. 원위치한 뒤 반대쪽도 똑같이 실시
한다.

PLUS TIP 앉을 때 무릎이 떨어지지 않도록 주
의한다.

71

크게 숨 쉬기

ACTION

마지막으로 팔과 어깨 스트레칭을 하며 마음을 편안히 다스리세요.

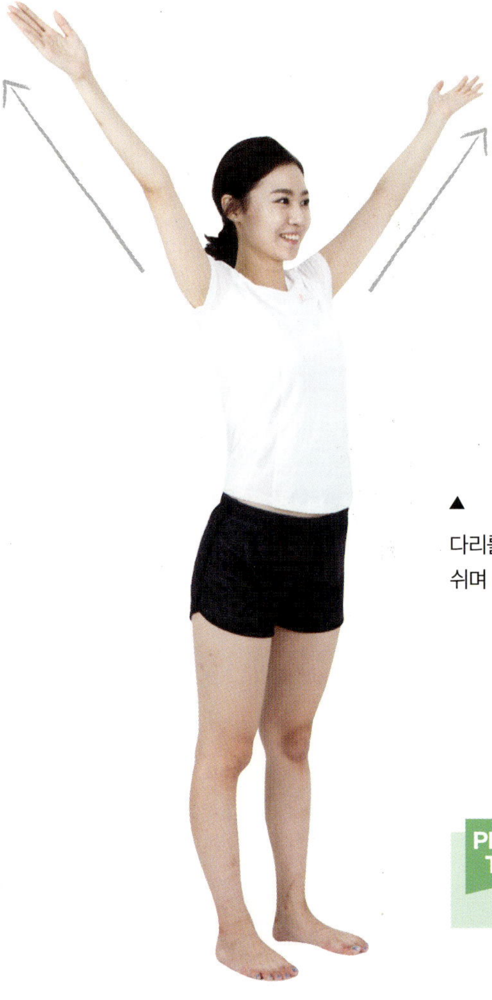

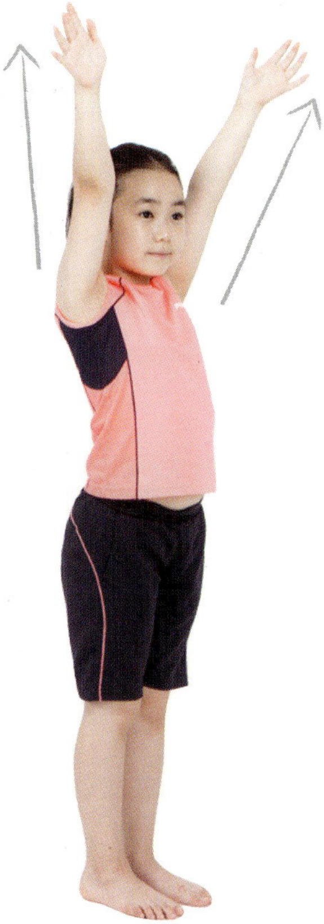

▲

다리를 어깨너비로 벌리고 선 뒤 숨을 내쉬며 팔을 위로 쭉 뻗는다.

PLUS TIP 동작은 호흡을 느낄 수 있을 정도로 천천히 진행한다.

키를 아침에 재야 하는 이유

"저는 키가 167cm입니다. 앞으로 성장운동으로 183cm까지 크고 싶습니다!"
성장운동 클래스에서 한 학생이 자신의 운동 목표에 대해 말했다. 그런데 운동을 시작하기 전 키를 측정했더니 165.7cm가 나왔다. 학생은 깜짝 놀라면서 "지난달에 학교에서 키를 측정했을 때 167cm였는데 키가 줄었어요. 저 늙은 건가요?"라면서 놀라고 실망하는 표정이었다.

아침에 키를 재보고 저녁때 키를 재보자! 신기하게도 아침에 키를 쟀을 때보다 저녁때 1.5~2cm 정도 줄어드는 것을 볼 수 있다. 우리의 척추는 경추, 흉추, 요추, 선골, 미골 등 총 33개의 짧은 뼈들이 연결되어 있다. 척추 뼈와 뼈 사이에는 디스크라는 수액이 가득한 물렁뼈로 연결되어 있다. 아침에 일어나서 직립 보행하는 인간은 중력의 영향으로 척추가 압력을 받게 된다. 저녁 때가 되면 압력에 의해 디스크에서 빠져 나온 수분들 때문에 간격이 좁아지고 키가 줄게 되는 것이다. 반대로 누워서 자는 동안에는 디스크 사이에 수분이 다시 차게 되고, 척추가 펴지면서 원래 키로 복구된다. 성장운동 클래스 학생도 저녁 때 키를 재서 학교에서 아침에 측정했을 때보다 키가 작게 나온 것이다. 따라서 키를 측정해서 성장도를 분석할 때는 항상 일정한 시간대에 측정하는 것을 원칙으로 하며, 척추가 곧게 펴진 상태가 되는 기상 후 키를 측정하는 것이 가장 좋다.

나이 (세)	5	6	7	8	9	10	11	12	13	14	15	16	17	18
남 (cm)	113	119	124	131	136	141	148	154	162	167	171	172	173	174
여 (cm)	112	118	123	130	136	142	149	154	156	157	158	159	160	160

키 성장을 위한
족집게 프로그램

마사지

몸의 혈액순환을 돕고 성장점을 자극하는 마사지는 아이들에게 반드시 필요하다. 특히 엄마의 정성이 담긴 마사지는 아이의 건강한 육체적, 정신적 성장에 도움을 준다. 지금부터 집에서 간단히 해줄 수 있는 성장 마사지 방법과 효과를 소개한다. 아이의 성장을 돕고 엄마와의 유대감을 상승시키는 가장 쉽고 효과적인 방법이다.

성장 마사지의 기본 방법

성장 마사지의 가장 기본적인 방법은 엄마의 손을 따뜻하게 만든 뒤 아이의 발목, 무릎, 고관절(골반 가장자리), 손목, 팔꿈치, 어깨 관절에 가볍게 3~5회 정도 원을 그리는 것이다. 그 후 복부와 가슴 부위에 안에서 바깥 방향으로 원을 그려준다.

성장 마사지의 효과를 극대화하고 싶다면 성장혈 부위를 자극하는 것이 중요하다. 성장혈 부위를 엄지로 가볍게 5회 정도 누르기를 일주일에 2회 정도 시행한다. 단, 밥을 먹은 직후나 잠을 자고 있을 때는 삼가자. 마사지를 할 때는 오일이나 로션을 적당량 발라 피부의 마찰을 최소한으로 줄인다.

성장 마사지의 효과

1. 아이와 엄마의 정서적 유대와 애착 관계를 형성해줘요

엄마와 아이가 맨살 접촉을 하면 '애정 호르몬'이라 불리는 옥시토신의 분비가 증가한다. 옥시토신은 행복, 사랑, 평온함 등의 감정을 유발해 아이와 엄마의 정서적 유대와 애착 관계를 형성하는 데 큰 도움을 준다. 특히 지속적으로 맨살 접촉을 할 때 옥시토신의 분비량이 극대화된다. 엄마의 피부가 아이에게 맞닿는 순간 특수 감각섬유를 자극해 뇌에 쾌락 신호를 보내면서 옥시토신을 분비시키기 때문이다. 성장 마사지를 통해 아이의 키성장은 물론 엄마와의 관계를 더욱 돈독하게 만들어보자.

2. 아이의 스트레스를 해소시켜줘요

아이가 스트레스를 심하게 받으면 혈중 성장호르몬 수치가 평소보다 3분의 1까지 줄어든다는 연구 결과가 있다. 스트레스 호르몬인 코르티솔이 성장호르몬의 분비를 방해하기 때문이다.

성장 마사지는 신경감각을 포함하고 있는 성장혈 부위를 자극하기 때문에 심신을 편안하게 만들어주고 성장 호르몬의 분비를 활성화시킨다. 그 결과 정서적으로 안정감이 생겨 스트레스를 해소시키는 효과가 있다.

3. 성장통을 덜어줘요

성장기 아이들 중 무릎, 발목, 종아리 등의 부위에 통증을 호소하는 경우가 있다. 주로 밤에 증상이 나타나고 다음날에는 통증을 호소하지 않는다면 성장통을 의심해볼 수 있다. 성장통은 성장한 뼈를 근육이 따라가지 못해 압력을 받을 경우, 뼈에 남아 있는 연골 조직의 길이 변화가 일어나면서 발생하는 경우, 잦은 활동으로 인해 젖산이 축적된 경우 등 다양한 원인으로 발생한다.

아이가 성장통으로 힘들어한다면 성장 마사지를 통해 아이의 고통을 덜어주자. 관절과 성장혈을 중심으로 마사지를 해주는 성장마사지는 혈액순환을 원활하게 해 뭉친 근육이나 젖산을 풀어준다. 따라서 성장통을 덜어주며 성장판의 순환을 촉진한다.

성장마사지를 하기 전에는 무릎과 발목 위에 온찜질을 10분 정도 해주면 효과가 더욱 커진다. 온찜질 대신 따뜻한 물로 목욕을 하거나 반신욕을 해줘도 좋다.

PLUS TIP

성장통을 덜어주는 마사지
1. 손바닥으로 아이의 무릎을 감싼 후 원을 그리듯 부드럽게 문질러준다
2. 종아리 바깥쪽 부분을 엄지손가락으로 눌러준다
3. 복사뼈와 아킬레스건 사이에 음푹 들어간 부분을 엄지손가락으로 가볍게 눌러준다

4. 피부에 일정한 자극을 줘 뇌 발달을 촉진시켜요

뇌의 피질을 주관하는 부위 중 영향력이 가장 큰 부분은 피부다. 성장기는 오감을 자극해 뇌세포 사이를 연결하는 시냅스가 만들어지는 시기로, 피부에 일정한 자극을 주는 성장 마사지를 지속적으로 해주면 섬세한 회로로 연결된 피부끼리 서로 정보를 주고받는다. 이것이 뇌를 자극해 뇌 발달을 촉진하는 역할을 한다.

영양

성장기 아이는 탄수화물, 단백질, 지방, 칼슘, 식이섬유 등 필수 영양소를 반드시 섭취해야 한다. 그러므로 현명한 엄마라면 하루에 필요한 영양소와 열량을 넘치게 섭취하거나 잘못된 식습관으로 오히려 아이의 건강을 해치고 있지는 않은지 한번쯤 짚어봐야 한다. 지금부터 성장기에 섭취하면 좋은 필수 영양소와 음식, 식습관을 공개한다. 꼼꼼히 체크해 아이가 건강하게 자랄 수 있도록 도와주자.

성장을 위한 식습관

성장에 있어서 가장 신경 써야 할 요인 중 하나는 '영양'이다. 올바른 영양 섭취를 위해서는 무엇보다 성장기 때 올바른 식습관을 만들어나가는 것이 중요하다. 성장기 때 한번 길들여진 식습관은 쉽게 고치기가 어려워 평생을 가는 경우가 많기 때문이다. 자연히 이 시기에 잘못 시작된 식습관은 건강과 성장의 적이 될 가능성이 높다.

성장기에 바른 식습관을 갖기 위해서는 아이의 식사를 책임지는 부모의 역할이 무엇보다 중요하다. 맛이 주는 미각적 행복, 영양이 주는 건강과 성장, 그리고 좋은 음식을 잘 가려서 먹을 줄 아는 스스로의 인지력 또한 부모가 만들어준 식습관에서 시작된다. 아이에게 알찬 영양소를 챙겨 먹이기 위해 부모가 신경써야 할 몇 가지를 소개한다.

1. 아이에게 필요한 열량을 체크하세요

성장 속도와 나이, 운동량과 평소 생활습관에 따라 열량 관리가 달라진다. 일반적인 성장기 학생의 적정 섭취 열량은 만 나이에 100을 곱하고 1000kcal를 더한 것을 기준으로 한다. 단, 아이의 활동량에 따라 일일 300~500kcal 정도를 가감해준다.

활동량이 많은 성장운동을 하고 온 날의 경우 하루 2500kcal 정도를 세끼 식사와 간식에 나누어 공급해준다. 활동량이 많지 않은 여자아이의 경우에는 1500kcal에서 2000kcal 정도를 식사 때마다 나누어 공급해준다는 생각으로 식단을 꾸려나가자.

2. 영양소의 비율은 적당한지 확인하세요

열량 관리만큼이나 중요한 것이 영양 비율이다. 성장에 도움을 주는 영양의 비율은 탄수화물 55~60%, 단백질 20~25%, 지방 15~20% 정도로 생각하자. 탄수화물의 경우 정제되지 않은 탄수화물이 좋다. 즉 밀가루나 가공된 당류보다는 현미, 통밀, 율무 등의 잡곡과 감자, 고구마, 오트밀 등의 탄수화물을 권장한다. 단백질은 지방이 적은 육류와 유제품, 생선류를 통해 섭취하고 지방은 견과류와 올리브유를 통해 섭취하면 매우 좋다.

3. 인스턴트식품은 되도록 피하세요

인스턴트식품은 물론이고 대부분의 가공식품은 맛과 저장성을 높이기 위해 여러 가지 방법으로 가공한다. 따라서 몸에 좋지 않은 합성 조미료와 감미료, 방부제 등이 첨가되어 있어 식품 본연의 맛과 영양소를 떨어뜨리는 경우가 많다. 결과적으로 영양적 측면이나 신체의 호르몬대사에도 좋지 않은 영향을 미칠 수 있으니 되도록 피해야 한다. 아이가 좋아하는 음식이 인스턴트식품이라면 1주일에 1회 이내로 최대한 제한하고, 제철음식 위주의 밥상을 차려 신선하고 건강한 음식을 먹을 수 있게 도와주자.

4. 아침식사를 꼭 준비하세요

야식을 먹고 아침을 굶는 아이들을 많이 볼 수 있다. 이런 습관은 부모가 고쳐줘야 한다. 밤늦게까지 열심히 공부하는 아이를 위해 애써 간식을 차려주는 어머니의 마음은 충분히 이해가 된다. 하지만 자기 전에 음식을 먹으면 소화기관은 자는 동안에도 고달프게 일을 하게 될 것임을 잊지 말아야 한다.

야식을 먹으면 적극적인 휴식인 숙면을 방해해서 아침에 피로감을 더할 뿐 아니라 성장호르몬이 분비되는 중요한 밤 시간을 버리게 된다. 또 야식의 여파로 아침을 굶으면 저혈당 상태가 되어 포도당만 연료로 사용하는 뇌세포에 영양공급이 제대로 되지 않는다. 학업에도 많은 손해를 보게 되는 것이다. 따라서 야식 대신 가볍고 맛있는 아침식사를 준비해 아이의 학업과 성장을 돕자.

5. 저녁 간식은 알록달록 채소와 과일 샐러드로!

세끼 식사로 부족할 수 있는 칼로리와 영양소는 저녁 간식에서 보충해주자. 특히 부족하기 쉬운 영양소인 비타민과 미네랄은 알록달록한 색상의 채소와 과일을 통해 충분히 공급받을 수 있다.

아이에게 공급해야 할 열량이 부족하다고 느껴지면 과일로 채워주는 것도 좋은 방법이다. 하지만 자녀가 비만이라면 과일보다는 채소를 추천한다. 단, 취침 1시간 이전에 간식은 마무리하자. 사과나 귤 등 산이 많은 과일은 위장을 자극해 수면을 방해하기 때문이다.

PLUS TIP

비타민과 미네랄이 풍부한 채소와 과일
- 채소: 피망, 오이, 양배추, 시금치
- 과일: 사과, 배, 오렌지, 키위, 레몬

6. 식습관에 모범을 보이세요

부모의 식사 습관과 식사 분위기는 자녀에게 많은 영향을 준다. 아이에게 골고루 먹을 것을 권유하면서 정작 엄마는 편식을 한다면 아이는 심술부터 낼 것이 분명하다.

아이의 식생활을 바꾸고 싶다면 먼저 부모가 모범을 보여야 한다. 골고루 천천히 즐기며 먹는 식사 습관, 즐거운 식탁 분위기, 식사 예절 등은 부모가 아이에게 꼭 알려주고 먼저 실천해야 할 모습들이다. 또 항상 감사한 마음으로 즐기면서 먹는 모습을 보여주자. 부모가 좋은 식습관을 보여주면 아이는 자연스럽게 그 모습을 닮아가게 된다.

성장을 도와주는 음식

'이 음식을 먹으면 반드시 키가 큰다.'라고 정해진 음식은 없다. 하지만 꾸준히 섭취했을 때 성장과 건강한 식생활에 도움이 되는 음식들은 존재한다. 이제부터 소개할 음식들은 성장에 도움이 되는 영양소를 고루 갖추고 있는 음식으로 "일단 눈에 보이면 먹어라. 단 배부르지 않을 만큼만!"이라고 권해주고 싶다. 평소 식습관을 어떻게 하느냐에 따라 그 영양이 키를 키우느냐, 살을 찌우느냐를 결정한다. 성장에 도움이 되는 음식들로 아이 키를 쑥쑥 크게 하자.

1. 우유

키 크는 음식 가운데서도 가장 먼저 떠오르고 가장 효과적이라고 여겨지는 것이 바로 우유다. 우유는 자연식품 중 몇 안 되는 성장에 도움이 되는 최적의 영양소 배합을 가진 식품이다. 하루 우유 세 잔이면 성장기 하루 칼슘 섭취필요량(800~1000mg)과 근육 및 신체조직을 발달시키는 양질의 단백질을 섭취할 수 있다.

그러나 우유에 함유된 유당 때문에 우유를 소화시키지 못하는 아이가 종종 있다. 이런 아이를 가진 엄마들은 우유를 먹여야 할지, 먹이지 말아야 할지 고민일 것이다. 하지만 요즘에는 성장기 어린이들을 위해 칼슘 함량을 높이고 유당을 제거한 제품들이 많이 나와 있으니 잘 선택해서 섭취하면 문제가 없다.

2. 콩류

콩은 양질의 식물성 단백질과 지방의 보고다. 글리시닌이라는 질 좋은 단백질을 다량 보유하고 있어 키뿐 아니라 혈관과 피부도 건강하게 만들어준다. 지방 또한 불포화지방산이 많아 건강에 이롭다. 콩을 싫어하는 아이의 경우 두부나 두유 등 콩을 이용한 식품을 통해 영양소를 섭취할 수 있도록 도와주자.

3. 생선류

생선은 성장에 많은 도움을 주는 음식이다. 불포화지방산이 많이 들어 있어 혈관을 튼튼하게 하고 두뇌 활동과 성장호르몬 활동을 증진시킨다. 특히 등 푸른 생선류, 참치, 고등어에 많이 들어 있다.

뼈째 먹는 식품으로 다량의 칼슘과 단백질을 섭취할 수 있는 멸치, 꽁치 같은 생선류 또한 성장에 많은 도움을 주는 영양소로 가득한 식품이다. 특히 생선은 고기와 달리 좋은 단백질과 좋은 지방을 함께 가지고 있는 양질의 식품임을 기억하자.

4. 육류

육류에는 양질의 단백질과 비타민 B군, 아연 등이 많이 들어 있어 성장을 위한 영양 밸런스를 지켜준다.

단, 육류의 지방은 생선과 달리 포화지방으로 과다 섭취하면 성장 저하와 비만을 초래할 수 있다. 그러니 지방이 많이 함유된 육류의 섭취는 금하자.

5. 이 밖에 성장에 좋은 음식들

달걀, 버섯, 시금치, 브로콜리, 당근, 해조류(미역, 다시마, 김) 등은 성장에 필요한 비타민과 미네랄을 다량 보유하고 있는 음식들이다. 또한 땅콩, 호두, 아몬드, 해바라기씨와 같은 견과류는 몸에 좋은 오메가-3 지방산이 많아 두뇌 발달에도 도움을 준다.

수면

아이의 성장과 스트레스 해소에 중요한 요소 중 하나는 숙면이다. 특히 성장기에는 규칙적인 수면, 수면 장소의 안락함, 일정한 수면 시간이 중요하다. 성장호르몬은 잠을 잘 때 가장 많이 분비되며, 밤 10시에서 새벽 2시 사이에 가장 활성화된다. 그러므로 성장기 아이들은 이 시간에 잠을 자게 하는 것이 좋다. 그렇다면 성장을 도와주는 수면 규칙에는 무엇이 있는지 자세히 알아보자.

성장을 위한 수면 규칙

1. 빛은 최대한 차단하세요

아이가 숙면을 취할 수 있는 환경을 만들어주고 싶다면 빛은 최대한 차단한다. 잠을 자면 멜라토닌이라는 수면 유도 호르몬이 분비되는데, 멜라토닌은 빛에 민감해서 밝은 곳에서는 활성화되지 않기 때문이다. 빛을 최대한 차단해 호르몬 분비를 도와 아이가 깊고 편안하게 잠들 수 있게 하자.

2. 수면 시간은 충분히!

키 성장을 위해서는 성장호르몬 대사가 원활히 이루어져야 한다. 성장호르몬은 80% 정도가 잠을 자는 동안 분비되므로 수면 시간을 충분히 갖는 것이 중요하다. 보통 7~8시간이 적당하며 되도록 밤 10시에서 새벽 2시 사이에 가족 모두가 함께 잠드는 습관을 들이도록 하자.

3. 낮잠은 되도록 피하세요

짧은 낮잠은 피로를 풀어주는 효과가 있다. 하지만 낮잠이 습관화 되면 밤에 숙면을 취하기 어려울 수 있다. 그러므로 되도록 낮잠을 자지 않고 밤에 숙면을 취할 수 있도록 지도하는 게 좋다.

4. 운동은 최소한 취침 1시간 전에 마치세요

격렬한 운동은 몸의 교감신경을 자극해 각성 상태(심장 박동수가 빨라지고 깊게 잠들지 못하는 상태)로 만들기 때문에 숙면을 방해할 수 있다. 따라서 운동은 최소 취침 1시간 전에 마무리하고 취침 전에는 가벼운 스트레칭을 해 숙면을 돕는다.

5. 잠들기 전 가볍게 스트레칭 해요

잠들기 전의 가벼운 스트레칭은 몸의 순환을 돕고 스트레스를 해소해 숙면을 취할 수 있게 한다. 또한 관절을 충분히 이완시켜 관절의 길이 성장과 원활한 성장호르몬 분비에 효과적이다. 자기 전에 하면 성장과 숙면에 도움이 되는 운동법을 소개한다. 간단하고 쉬운 방법으로 아이가 습관화할 수 있게 엄마가 옆에서 도와주자.

STRETCHING
START!

STRETCHING 01 몸 늘이기

몸을 늘여 긴장감을 풀어주는 동작이에요.

① 다리를 모아 앞으로 쭉 뻗고 앉는다. 숨을 들이마시며 양손을 최대한 위로 뻗은 뒤 깍지를 낀다.

② ▶

숨을 내쉬며 허리를 숙여 천천히 몸을 아래로 내린다.

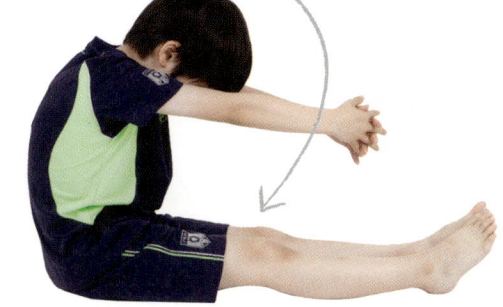

PLUS TIP 옆구리에 약간의 통증이 느껴질 정도로 팔을 쭉 뻗는다.

다리 올려 몸 늘이기

하체의 혈액순환 및 이완을 도와 몸의 긴장을 풀어줘요.

1 ▶

다리를 모아 앞으로 쭉 뻗고 앉는다.
오른쪽 다리를 접어 왼쪽 다리 위에
올린다.

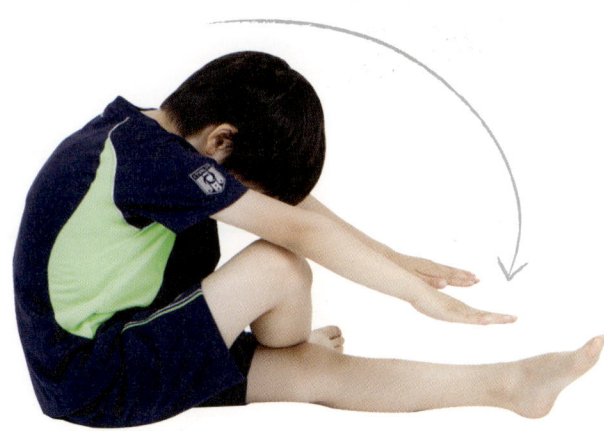

◀ **2**

1의 상태에서 팔을 앞으로 뻗는다. 숨을 내
쉬며 허리를 숙여 천천히 몸을 아래로 내
린다. 반대쪽도 똑같이 실시한다.

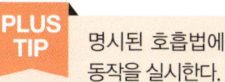

PLUS TIP 명시된 호흡법에 유의하며
동작을 실시한다.

다리 벌려 아래로 내려가기

온몸의 혈액순환을 촉진시켜요.

1 ▶

양다리를 최대한 옆으로 벌리고 앉는다. 손깍
지를 낀 뒤 숨을 들이마시며 양손을 최대한
위로 뻗는다.

◀ **2**

숨을 내쉬며 허리를 숙여 천천히 몸을 아
래로 내린다.

PLUS TIP 무릎은 곧게 편 상태를 유지한다.

다리 벌려 허리 옆으로 늘이기

골반을 이완시켜 하체의 피로를 풀어줘요.

①

양다리를 최대한 넓게 벌리고 앉은 뒤 양손을 위로 쭉 뻗는다.

②

숨을 내쉬며 허리를 숙인다. 양손을 천천히 오른쪽 발끝 쪽으로 가져간다.

③

2에서 왼손을 왼쪽 바닥에 놓는다. 왼손을 바깥쪽으로 크게 원을 그리며 오른쪽 다리 쪽으로 스트레칭을 해준다. 반대쪽도 똑같이 실시한다.

PLUS TIP 무릎이 구부러지지 않도록 주의하고 반동을 주지 않는 범위에서 허리를 최대한 숙인다.

양손 발끝 닿기

허리와 팔다리를 늘여 온몸의 몸의 긴장을 풀어줘요.

▲

양다리를 최대한 넓게 벌리고 앉는다. 숨을 내쉬며 양손을 양쪽 발끝으로 이동시키며 최대한 상체를 내린다. 이 상태를 10초 정도 유지한다.

PLUS TIP 몸을 내릴 때는 천천히 실시한다.

몸 늘이기

상체와 하체의 혈액순환 및 이완을 도와 편안한 상태를 만들어줘요.

◀ ① 다리를 모으고 앉은 뒤 양손을 위로
길게 뻗는다.

▲
② 숨을 들이마시며 누우면서 팔은 뒤쪽으로, 다리는 앞쪽으로 최대한 길게 뻗는다.
숨을 내쉬며 몸의 긴장을 풀어준다.

 PLUS TIP 팔다리에 약간의 통증이 느껴질 정도로 길게 뻗는다.

연령별 키 크는 습관

5세부터 초등학교 저학년까지

운동에 재미를 느끼게 하는 것이 가장 중요한 시기다. 자기 몸의 움직임에 흥미를 가질 수 있는 너무 힘들지 않은 운동들로 하루 1시간 정도 꾸준히 해주는 것이 좋다. 너무 힘들다는 느낌이 들 정도로 운동을 할 경우 오히려 성장을 저해할 수도 있음을 명심하자. 1시간 반 이상 할 수 있는 운동을 1시간에 끝낼 수 있는 강도로 높이면 적당하다. 아이가 '힘들어'가 아니라, '조금 힘들어'하는 정도로 멈춰주는 센스가 필요하다. 부모와 함께하는 하루 10분 홈 피트니스를 여유로운 마음으로 한다면 딱 좋은 시기! 잠은 하루 8시간 이상 재우자.

10세부터 초등학교 고학년까지

이 시기가 되면 두 가지 안 좋은 습관의 시작을 경계해야 한다. 간식으로 인스턴트식품의 섭취가 늘어나는 것과 컴퓨터 게임이나 텔레비전 등 활동성이 적은 취미생활을 시작하는 것이다. 아이가 또래보다 몸무게가 많이 나간다던지 키가 현저히 작다면 주의 깊은 관심이 필요하다. 운동은 매일 30분씩 땀이 날 정도로 해주면 매우 좋다. 운동의 마무리는 항상 성장 스트레칭으로! 잠은 하루 7시간 이상 재우자.

13세부터 중학교까지

제 2의 급성장기가 찾아오는 시기다. 그렇기 때문에 더욱 영양에 신경 써줘야 한다. 특히 튼튼한 뼈 성장과 골격 증진을 위해 단백질과 칼슘을 충분히 섭취하도록 도와주자. 과도한 지방 섭취는 비만과 그에 따른 성조숙증을 일으킬 수 있으니 주의한다. 운동은 하루 30분 정도 밀도 있게 해주는 것이 좋으며, 어느 정도 숨도 차고, 땀도 나고, 몸이 약간은 뻐근하다는 느낌을 받는 것이 좋다. 짧고 강도 있게 운동하고 충분한 영양과 휴식을 보장하자. 수면은 6~7시간 정도로 하되 12시 전에 잠들 수 있게 지도하자.

16세부터 고등학교까지

성장에 있어 거의 마지막 시기라 볼 수 있다. 보통의 경우 한 해 1cm 정도 밖에 크지 않기 때문이다. 하지만 낙담할 필요는 없다. 튼튼한 뼈와 골격의 성장을 위해 단백질과 칼슘의 공급을 충분히 해주며, 스트레칭을 보다 신경 써서 자주 해주면 충분히 성장할 수 있다. 운동 역시 하루 30분 정도의 강도 높은 운동으로 하되, 중간에 5분~10분 정도의 시간을 내 고강도 운동을 두세 차례 해주면 좋다. 더 키가 클 수 있다고 용기를 주고 이상적인 자신의 신체상을 항상 꿈꾸게 하자. 자기 전에 5분간의 성장 스트레칭은 필수! 스트레스 받지 않고, 꾸준한 운동과 영양, 규칙적인 수면 습관만 잘 지켜준다면 16세 이후에도 놀라울 정도의 키 성장을 이루는 경우가 많다. 수면 시간은 6시간 이상, 특히 새벽 2~4시 사이에는 숙면을 취할 수 있도록 하자.

올바른 자세

올바른 자세는 성장기 아이에게 특히 중요하다. 올바른 자세를 통해 바른 체형을 가지게 되면 체내 호르몬 작용 및 신진대사가 원활해져 뼈가 균형 있게 성장하기 때문이다. 성장판이 거의 닫힌 시기라도 올바른 자세를 유지하면 2~3cm 정도의 성장 효과를 기대해볼 수 있다. 이는 뼈의 성장이라기보다는 스트레칭과 바른 자세 유지를 통해 휜 뼈를 교정해 몸속에 숨은 키를 찾아내는 원리다. 올바른 자세 만들기는 균형 잡힌 체형을 만들어줄 뿐 아니라 미처 찾지 못했던 성장의 가능성을 열어줄 것이다.

올바른 자세로 숨은 키 찾기

우리의 척추는 S자형 커브를 가지고 있다. 체중을 지탱하고 외부의 압력을 곡선을 따라 분산시켜 척추에 무리가 가지 않게 설계되어 있는 것이다. 그런데 자세가 나쁘면 이 척추 곡선이 무너지면서 압력을 견디는 힘이 약해진다. 그러면 척추 사이사이에 압력이 가중되면서 뼈 사이의 간격이 좁아져 키가 줄게 된다. 또한 척추 관절을 잘 관리해야 전신 혈액순환이 활발해져 키 성장에도 도움이 된다.

사춘기, 즉 2차 성장기에 뼈가 급속도로 성장해 척추가 휘는 경우도 있다. 때문에 올바른 성장을 위해서는 바른 자세와 적절한 스트레칭이 습관화 되어야 한다. 이러한 습관은 성장뿐만 아니라 나쁜 자세로 인해 생기는 척추 질환 예방에도 큰 도움이 된다.

1. 앉은 자세

책상은 등이 굽지 않을 정도의 높이여야 한다. 의자는 등받이가 있고 발바닥이 자연스럽게 바닥에 닿는 높이를 선택한다.

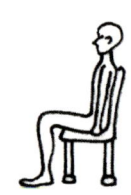

2. 선 자세

머리와 시선은 정면을 향하고 턱은 45도 정도 당긴다. 양어깨의 높이를 같게 하는 데 신경 쓰고 허리는 펴도록 한다.

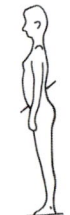

3. 걷는 자세

선 자세에서 복부와 엉덩이에 약간의 힘을 줘 긴장을 유지하며 무릎 관절은 앞으로 향하게 한다. 걸을 때는 뒤꿈치, 발바닥, 발가락 순서로 바닥에 닿게 걷는다.

① ② ③
뒤꿈치 발바닥 발가락

스트레칭

틈나는 대로 몸을 이완시키는 습관을 들이는 것은 성장기 아이들에게 아주 중요하다. 대부분의 시간을 책상 앞에 앉거나 누워서 생활하는 데 익숙한 아이들이 쉬는 시간 혹은 잠들기 전에 5분 정도 시간을 내어 스트레칭을 하면 하루 종일 긴장되어 있던 근육과 인대가 이완된다. 또한 꾸준한 스트레칭은 신체 밸런스를 재정비하고 혈액순환과 성장호르몬 대사를 촉진해 균형 잡힌 성장을 도와준다.

지금부터 언제 어디서든 부담없이 할 수 있는 스트레칭 방법을 소개한다. 놀이하듯 할 수 있게 즐거운 분위기를 만들어주자.

STRETCHING
START!

STRETCHING **01**   # 콩콩 다리 찧기

다리를 이완시켜 긴장감을 풀어주고 혈액순환을 원활하게 만들어주는 동작이에요.

◀ **1**

바닥에 매트나 이불을 깐다. 그 위에 양다리를 어깨너비로 벌려 쭉 뻗고 앉은 뒤 양손을 허리 뒤쪽으로 뻗어 바닥을 지탱한다.

2

1의 상태에서 왼쪽 다리를 30cm 정도 위로 들었다가 방아 찧듯이 바닥으로 내린다.

PLUS TIP 바닥에 매트나 이불을 깔고 실시해 바닥과 마찰을 줄여준다.

발끝 밀어내고 당기기

하체의 혈액순환 및 이완을 도와 몸의 긴장을 풀어줘요.

◀ ①

양다리를 45도 각도로 벌리고 앉은 뒤 양손을 허리 뒤쪽으로 뻗어 바닥을 지탱한다. 숨을 들이마시며 양쪽 발끝을 최대한 바깥 쪽으로 밀어낸다. 이 상태를 2초간 유지한 뒤 원위치한다.

◀ ②

숨을 내쉬며 양쪽 발끝을 최대한 안쪽으로 당긴다. 이 상태를 2초간 유지한 뒤 원위치한다.

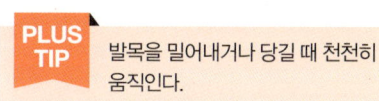

PLUS TIP 발목을 밀어내거나 당길 때 천천히 움직인다.

다리 올려 발끝으로 원 그리기

골반의 유연성을 키워주는 효과가 있어요.

①

양다리를 어깨 너비로 벌려 쭉 뻗고 앉은 뒤 양손을 허리 뒤쪽으로 뻗어 바닥을 지탱한다.

②

왼쪽 다리를 30cm 정도 위로 들어 올린다. 바깥쪽으로 원을 10회 그린 뒤 안쪽으로도 10회 그린다. 반대쪽도 똑같이 실시한다.

PLUS TIP 무릎은 구부리지 않은 상태를 유지하고 익숙해지면 원을 보다 크게 그린다.

다리 좌우로 흔들기

리듬에 맞춰 발로 인사하듯 재미있게 할 수 있는 동작이에요.
골반 및 하체를 이완시켜 혈액순환을 원활하게 만들어줘요.

양다리를 45도 각도로 벌리고 앉는다. 숨을 내
쉬며 양쪽 발끝을 최대한 바깥쪽으로 밀어내며
눕힌다.

◀ **2**

숨을 들이마시며 양쪽 발끝을 최대한 안쪽으로 당겨 눕힌다.

3 ▶

2, 3의 동작을 발로 인사하듯이
리드미컬하게 10회 실시한다.

 PLUS TIP 발끝을 밀어내거나 당길 때 다리를 최대한 쭉 편다.

다리 벌려 좌우로 허리 굽히기

혈액순환과 혈행을 촉진하는 효과가 있어요.

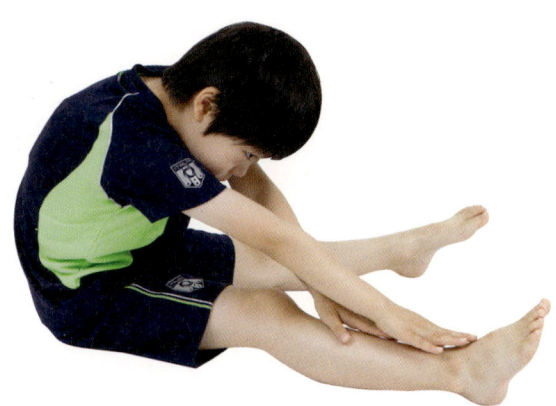

양다리를 45도 각도로 벌리고 앉아 허리를 곧게
편다. 숨을 내쉬며 허리를 숙인 뒤 양손을 오른쪽
발끝을 향해 최대한 내린다.

숨을 들이마시며 원위치한 뒤 반대쪽도 똑같이 실
시한다.

 PLUS TIP 무릎이 구부러지지 않도록 주의하고
반동을 주지 않는 범위에서 허리를 최
대한 숙인다.

무릎 접어 다리 흔들기

골반과 고관절을 이완시켜 하체의 피로를 풀어줘요.

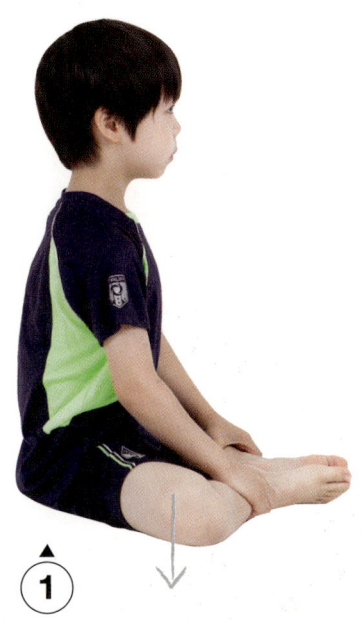

① 허리를 곧게 펴고 앉는다. 무릎을 접어 양발을 마주 보게 모은 뒤 최대한 몸 쪽으로 당긴다. 숨을 내쉬며 무릎을 최대한 바닥 쪽으로 내린다.

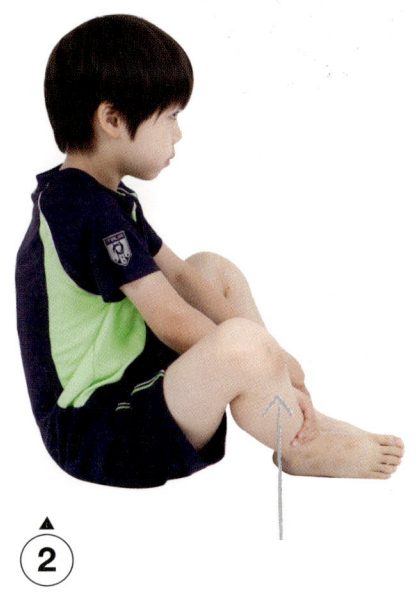

② 숨을 들이마시며 다시 무릎을 올린다.

PLUS TIP 허리는 곧게 편 상태를 유지한다.

다리 벌려 좌우로 허리 늘이기

허리와 하체를 쭉쭉 늘여 유연성을 증가시켜요.

▲

양다리를 최대한 옆으로 벌리고 앉아서 허리를 곧게
편다. 숨을 내쉬며 오른손은 최대한 오른쪽 발끝 쪽으
로 가져가고, 왼손은 머리 위쪽으로 크게 원을 그리듯
이 오른손 위쪽으로 천천히 이동시킨다. 숨을 들이마시
며 원위치한 뒤 반대쪽도 똑같이 실시한다.

PLUS TIP 무릎은 곧게 편 상태를 유지한다.

엎드려 좌우로 팔다리 올리기

어깨와 골반, 척추를 이완시켜 혈액순환을 도와줘요.

1

바닥에 엎드려 팔다리를 위아래로 쭉 뻗는다.

2

숨을 내쉬며 오른손과 왼쪽 다리를 최대한 위로 들어 올린다.

숨을 들이마시며 원위치한 뒤 반대쪽도
똑같이 실시한다.

 무릎과 팔꿈치는 곧게 편 상태를 유
지하고 동작은 최대한 크게 한다.

비행기 자세

구부러진 허리와 어깨를 곧게 펴주고 척추를 똑바로 잡아주는 효과가 있어요.

바닥에 엎드려 팔다리를 쭉 뻗는다.

숨을 내쉬며 팔다리를 최대한 위쪽으로
들어 올린 뒤 5초간 버틴다.

3

2의 상태에서 양팔을 180도가 되도록 서서히 벌린다.

4

팔다리를 원위치한 뒤 숨을 가다듬는다.

 **PLUS TIP** 팔다리는 최대한 곧게 편 상태를 유지한다.

스트레스 없애기

스트레스는 성장을 방해하는 무서운 적이다. 성장기의 스트레스는 콜레스테롤 분비를 증가시키는데, 혈중 콜레스테롤 분비가 증가되면 성호르몬 분비가 시작되므로 성조숙증을 일으킬 수 있다. 또 스트레스를 받으면 분비되는 호르몬인 코티솔이 신진대사를 떨어뜨리고 신체를 긴장하게 만들며 성장호르몬의 분비를 3분의 1 수준으로 감소시켜 성장을 더디게 만든다. 코티솔의 분비로 신체 리듬이 떨어지면 몸이 왜소해지거나 반대로 비만을 초래하는 경우도 많다.

반면 밝고 긍정적인 생각을 하면 엔도르핀과 성장호르몬의 분비가 왕성해진다. 이는 신체의 긴장을 풀어주고 행복감을 만들어 성장을 촉진시킨다. 따라서 아이의 스트레스를 날려 성장을 돕는 것이 중요하다.

그런데 성장기 아이들은 학업이나 친구, 가족 등 성장을 방해하는 스트레스를 받을 위험이 크다. 특별한 이유 없이 '머리가 아프다'. '배가 아프다', '소화가 안 된다' 등의 증상을 자주 호소한다면 질병에 대한 관리와 더불어 아이가 스트레스를 받는 부분이 있는지 면밀히 살펴보아야 한다.

아이의 스트레스 관리에서 가장 중요한 것은 부모의 격려와 자신감을 심어주는 말이다. "칭찬은 고래도 춤추게 한다."는 말도 있듯이 심한 잔소리를 하고 야단을 친다면 아이에게 스트레스가 될 수 있다.

내 아이가 건강한 정신과 더불어 키도 크게 하고 싶다면 스트레스를 떨쳐 버릴 수 있게 도와주고, 자신감이라는 씨앗을 심어주어야 한다. 아이의 자신감은 부모의 칭찬을 통해 자란다는 것을 명심하자.

스트레스를 날려주고 성장을 도와주는 부모의 습관

1. 하루 한 가지씩 칭찬해주세요

아이와 함께 지내다 보면 못마땅하고 실망스러운 모습을 볼 때가 많다. 이 럴 때 다그치기보다는 아이가 스스로 인식하며 변화할 수 있게 도와주자. 작은 일이라도 좋은 결과가 나왔을 때는 무조건 칭찬해주는 것이 중요하다.

2. '하면 된다'는 자신감을 심어주세요

노력한 만큼 성적이 오르듯 열심히 운동하고 생활습관을 바꾸면 키도 큰 다는 긍정적인 사고를 심어주자. 아이에게 '하면 된다', '할 수 있다'는 자 신감을 심어주면 정신적인 성장뿐만 아니라 엔도르핀과 성장호르몬의 분 비가 촉진돼 키 성장에 도움을 준다.

3. 하루 30분씩 아이와 함께하는 시간을 가지세요

함께 식사를 하든 운동을 하든 숙제를 도와주든 무엇이든 좋다. 아이와 함 께하는 시간을 갖자. 이 시간에는 아이 입장에서 아이의 말을 듣고 긍정적 인 반응을 보여주자. 부모와 함께하는 시간이 행복하다고 느끼면 아이의 스트레스가 감소하고, 이와 같은 정서적 안정은 성장의 큰 밑거름이 된다.

4. 아이의 자유 시간을 보장해주세요

학교, 학원, 집에서 아이에게 보이는 지나친 관심은 어느 순간 아이에게 스트레스가 될 수 있다. 어느 정도의 관심과 사랑은 내 아이의 성장에 득이 되지만 도가 지나치면 아이가 부담을 느껴 스트레스를 받게 된다.

하루에 1시간은 아이 스스로 행동할 수 있는 자유 시간을 주자. 드라마를 보건, 인터넷을 하건, 게임을 하건 본인만의 해소법으로 스트레스를 날려버릴 수 있게 해주자. 단, 부모와 함께하는 30분 동안에는 아이가 자유 시간을 현명하게 보낼 수 있는 방법을 스스로 깨우칠 수 있도록 지혜롭게 지도하는 것도 중요하다.

Q&A

아직은 아이를 만지는 것조차 조심스러운 엄마들. 나이가 어린 아이에게 운동을 시켜도 되는지, 성장판은 몇 살까지 자라는지 등 궁금한 점이 한두 가지가 아니다. 성장에 관해 엄마들이 가장 궁금해하는 질문들만 모았다.

Q 운동은 몇 시에 하는 게 좋을까요?

A 생리학적으로 인체 시계는 잠에서 깨어나 8시간에서 11시간 정도 지났을 때 가장 활동적인 상태가 됩니다. 아침 7시에 기상하는 사람을 기준으로 보면 오후 3시에서 6시 사이가 운동하기에 적합한 시간인 것이지요. 하지만 이것은 지극히 생리학적인 부분만 생각했을 때의 기준이고, 이보다 더 중요한 것은 자신에게 맞는 시간에 꾸준히 하는 것입니다. 아침 일찍 일어나 운동하는 것이 습관이 된 사람이라면 그때가 운동하기에 가장 좋은 시간이고, 저녁에 운동하는 것이 익숙하고 편한 사람이라면 바로 그때가 운동하기에 가장 합리적인 시간인 것입니다. 운동에서 가장 중요한 것은 바로 습관입니다. 내가 하고 싶고 꾸준히 하기 편한 시간이 가장 좋은 시간인 것입니다.

단, 아침 기상 후 바로 운동을 할 경우에는 몸이 아직 충분히 이완되지 않은 상태이기 때문에 충분한 스트레칭 후에 실시하고, 파워풀한 동작들은 삼가는 것이 좋습니다. 또한 너무 늦은 밤시간에 운동을 하면 갑작스러운 순환기 활성화로 숙면을 방해할 수 있으니 이 점을 유의하면서 운동 시간을 정해야 합니다.

**Q 요즘 키 수술이 유행인데 정말 효과가 있나요?
그리고 어떤 부작용이 있는지 알려주세요.**

A 물리적인 방법으로 외적인 것을 바꾸면 확실한 효과는 있습니다. 하지만 부작용을 감수해야 한다는 단점이 있지요. 또한 자연스럽게 키가 클 수 있는 상황을 만드는 것이 아니라 인위적인 방법으로 진행하기 때문에 키가 성장하는 만큼 뼈에 부작용이 올 가능성이 큽니다. 즉, 강제로 뼈를 늘리는 키 수술은 1년에 걸쳐 지어야 하는 건물을 1개월 만에 짓는 것과 마찬가지로 부실공사의 위험이 크다고 할 수 있습니다.

키 수술은 뼈의 성장 속도를 강제로 높이는 것이기 때문에 골밀도 저하나 뼈를 감싸고 있는 근육조직의 성장, 신경조직의 안정성을 위협할 수밖에 없습니다. 또 뼈의 길이와 키가 성장을 마쳤다 하더라도 근조직이나 신경조직의 성장이 그 속도를 쫓아가지 못하기 때문에 신체 기능이 저하될 수밖에 없습니다. 병적으로 너무 작아 운동을 하고 영양 패턴을 바꾸어보아도 성장할 가능성이 없는 단 몇 퍼센트가 아니라면 키 수술은 생각하고 생각해야 하는 최후의 방법입니다.

Q 운동을 좋아하지 않는 아이에게는 어떻게 동기부여를 할 수 있을까요?

A 일단 아이가 좋아하는 것과 운동을 연계할 수 있는 방법을 생각해보세요. 그러면 자신도 모르게 관심을 가지게 될 것입니다. 예를 들어 게임을

좋아하는 아이에게는 게임 30분을 하려면 운동 10분을 먼저 해야 한다는 미션을 주세요. 처음에는 억지로 하겠지요. 하지만 인간의 신체는 신기하게도 3개월 정도 꾸준히 하면 그것이 습관이 됩니다. 이 시기에는 활동적인 움직임, 즉 운동이 익숙해져서 운동을 안 하는 것이 오히려 불편해질 것입니다. 이것이 바로 100일간의 약속입니다. 인체의 세포 역시 약 3개월(100일 정도) 동안 자극하면 그 움직임이 편하고 익숙한 것이 되도록 설계되어 있습니다. 아이가 운동을 좋아하지 않는다면 딱 100일간만 운동을 하도록 만들어주세요. 그 후에는 운동을 좋아하는 아이로 변해 있을 것입니다.

Q 성장판은 몇 살까지 자라나요?

A 흔히 성장판을 '닫혔다, 열렸다'라는 개념으로 설명합니다. 성장판이 열려 있다면 키가 더 클 수 있는 것이고, 닫혔다면 더 이상 성장할 수 없다는 사실은 누구나 잘 알고 있습니다. 성장판은 연골 세포가 외적인 자극과 영양 상태 등에 따라 분열하며 단단한 뼈로 서서히 변하면서 키가 성장합니다. 반대로 연골 세포가 모두 단단한 뼈로 변해버리는 시점이 성장판이 닫힌 시기가 되는 것이지요. 그런데 성장판이 닫히는 시기는 개인마다 차이가 있습니다. 일반적으로 14세에서 18세 사이에 닫히는데, 성장판이 열려 있다면 운동을 통한 자극과 영양 상태에 따라 성장하는 뼈의 길이가 달라질 수 있습니다. 따라서 성장판 운동을 통한 자극과 영양 상태가 중요한 것입니다.

20세가 넘어서 연골 세포가 분열하는 사람도 있습니다. 이러한 경우에는 20세가 넘어도 키가 자라게 되는 것이지요. 정확한 예측을 하려면 병원에서 성장판 엑스레이 촬영을 해보는 것도 좋은 방법입니다.

Q 생활 속에서 틈틈이 할 수 있는 키 크는 습관에 대해 알려주세요. 엄마와 함께하면 더 좋은 방법으로요.

A 몸을 늘리는 동작, 점핑 동작이 키를 성장시킬 수 있는 습관들입니다. 성장판이 열린 상태에서는 근육의 움직임으로 뼈를 자극하고 연골 세포의 분열을 활성화해야 키가 자랄 수 있습니다. 따라서 아이와 엄마가 함께 어깨를 등지고 팔을 위로 뻗어 아이 몸을 쭉 늘여주거나 아이의 손을 잡고 제자리에서 점프를 시키는 것도 좋은 방법입니다.

영양적인 면에서는 비타민을 꼭 챙겨주세요. 비타민은 양은 적지만 호르몬 대사를 관장하는 특별한 일을 합니다. 성장기 아이의 성장호르몬 대사를 원활하게 유지시키려면 비타민 부족 현상이 나타나지 않도록 신경을 써줘야 합니다.

Q 우리 아이의 최종 예상 키를 측정할 수 있는 방법이 있나요?

A 일반적으로 뼈 나이를 측정하는 방법을 사용합니다. 엑스레이를 통해 성장판의 유무를 체크하고 성장판 연골 세포의 두께를 확인해 뼈 나이를 측정합니다. 보통 뼈 나이 1세에 6cm 정도의 성장을 추정할 수 있습니다. 다만 이것은 말 그대로 추정치이며 1세 차이라도 적절한 운동요법과 영양 상태를 유지하면 예측치 6cm가 12cm로 변할 수도 있습니다.

Q 아이들이 조심해야 할 운동이 있나요?

A 성장기 아이들은 성장판의 연골 세포가 아직 단단하지 않기 때문에 지나친 외부 충격은 성장판을 다치게 할 수도 있습니다. 18세 이전에는 고강도 웨이트 트레이닝이나 2시간 이상의 연속 운동은 피하는 것이 좋습니다. 성장기에는 하루에 10분에서 15분 정도 중강도의 운동을 지속적으로

하세요. 그 이상의 고강도 운동이나 장시간의 운동은 근육 성장에는 도움을 줄 수 있지만 올바른 뼈 성장에는 역효과를 낼 수 있습니다. 가장 합리적인 운동은 짧고 굵게 중강도로 뼈를 늘려주고 쉬는 시간이 적은 운동입니다.

Q 요즘 아이가 한창 클 시기라서 그런지 뒤돌아서면 배가 고프다고 해요. 잘 먹는 것은 좋지만 너무 많이 먹는 것은 아닌지 걱정이 됩니다.

A 성장기에 접어들어 세포 주기가 활발해지고 성장을 위한 영양소가 많이 필요하기 때문에 식욕이 왕성해지는 것은 좋은 현상입니다. 다만 조심해야 할 부분은 살이 찌려고 배가 고픈 경우입니다. 이는 보통 식습관과 스트레스의 차이에 따라 다르게 나타납니다.

일반적으로 콜라, 사이다 등의 액상 과당이 많이 들어 있는 음료나 인스턴트식품, 과자를 많이 먹는 경우는 영양소가 필요해서라기보다 액상 과당이 인슐린 호르몬대사를 활성화시켜 폭식을 하게끔 지시하기 때문입니다. 이러한 경우 표준 열량이 초과되어 소아 비만이 초래될 수도 있습니다. 비만은 성장호르몬 대사를 저하시키고 성호르몬 대사를 활성화시키는 성향이 있어 성장 속도는 저하되는 반면 성 조숙증을 부를 수도 있습니다. 따라서 아이가 활동량이 많아지고 정상 체중을 유지하고 있는 상태라면 단백질, 비타민, 미네랄 등이 풍부한 음식을 충분히 먹이세요. 성장 속도가 빨라질 것입니다. 다만 청량음료와 인스턴트식품을 많이 찾고 소아비만 상태라면 반드시 먹는 양을 조절해주고, 가장 먼저 탄산음료를 끊게 해야 합니다. 탄산음료는 채소나 과일 주스로 바꿔주고, 인스턴트식품 역시 주 1~2회 이하로 줄여주세요.

Q 아이의 허리와 어깨가 많이 굽어 있어요.
혹시 척추측만이 아닌지 의심스럽습니다.

A 지금부터 말씀드릴 10가지 항목 중 4가지 이상이면 척추측만을 의심할 수 있고, 6개 이상이면 척추측만이 진행되고 있는 상태라고 봐도 무방합니다. 만약 8개 이상이면 심각한 척추측만으로 개선을 위한 운동요법 및 치료가 필요해요.

체크리스트

1 목이 어깨보다 앞으로 빠져 있는가?(자라목 현상)
2 양쪽 어깨선 높이가 다르거나 왼쪽 가슴이 앞으로 나와 있는가?
3 골반 양쪽 끝선의 높이가 다르거나 양쪽 팔의 길이가 다른가?
4 등 뒤에서 봤을 때 양쪽 견갑골의 높이가 다르거나 등이 구부정하거나 허리선의 높이가 다른가?
5 윗몸을 앞으로 깊이 숙였을 때 양쪽 등의 높이가 다른가?(아담 테스트)
6 엉덩이 높이가 다르거나 짝궁둥이이거나 안짱걸음을 걷는가?
7 똑바로 누웠을 때 허리 아래쪽이 가볍게 뜨지 않는가?
8 바지를 입고 걸을 때 허리선이 한쪽으로 계속 돌아가는가?
9 신발 밑창이 어느 한 부분만 계속 닳는가?
10 양팔을 벽에 대고 길게 뻗었을 때 양팔의 길이가 차이 나는가?

개선운동

1 좌골 워킹 운동(앉아서 엉덩이로 걷는 동작)
2 하루 10분 홈 피트니스

Q 혹시 어른을 위한 키 크는 스트레칭 방법도 있나요?
있다면 간단하게라도 알려주세요.

A 어른의 경우 성장기 아이와는 달리 성장판이 닫혀 있기 때문에 뼈의 성장을 통한 키 성장을 기대할 수는 없습니다. 하지만 체형 밸런스를 맞추고 뼈 간격을 유지시키는 스트레칭을 하면 2cm 정도의 성장은 가능합니다. 일단은 척추 간 간격을 충분히 늘려주고 가슴을 펴서 어깨굽음증이 되지 않도록 만드는 것이 성인의 키 크는 스트레칭의 핵심입니다. 숨을 들이마셔 최대한 횡격막을 올려주고 팔을 쭉 뻗어 올리면서 숨을 들이마시세요. 이 상태로 까치발로 걷는 동작, 허리를 늘려주는 푸시업 포즈를 해주세요. 키를 조금이나마 키울 수 있는 기본 스트레칭 방법입니다.

Q 아이가 키에 비해 다리가 짧은데
다리만 길게 만들 수 있는 운동 방법도 있나요?

A 무릎과 고관절 성장판의 연골 세포가 아직 단단해지지 않았다면 어느 정도까지는 가능합니다. 무릎과 고관절을 적절히 자극하는 운동으로는 10분 정도의 가벼운 줄넘기나 점핑 동작이 좋습니다. 그 후 하체 스트레칭을 지속한다면 하체가 어느 정도는 더 길어질 수 있습니다. 그러나 너무 무리한 동작이나 무릎에 충격을 주는 동작들은 오히려 성장판의 연골 세포를 손상시킬 수 있으므로 주의를 기울여야 합니다. 단, 성장판이 이미 닫혔다면 방법이 없습니다. 키 높이 신발을 신으세요.

아이는 키 쑥쑥 엄마는 S라인 만드는

하루 10분
홈 피트니스

10minutes a day
home k-art fitness